Torsten Stemmler

Ultraschnelle Objekterkennung innerhalb natürlicher Szenen

Diplomica® Verlag GmbH

**Stemmler, Torsten: Ultraschnelle Objekterkennung innerhalb natürlicher Szenen.
Hamburg, Diplomica Verlag GmbH 2009**

ISBN: 978-3-8366-7253-5
Druck: Diplomica® Verlag GmbH, Hamburg, 2009

Bibliografische Information der Deutschen Bibliothek
Die Deutsche Bibliothek verzeichnet diese Publikation in der Deutschen
Nationalbibliografie;
detaillierte bibliografische Daten sind im Internet über
<http://dnb.ddb.de> abrufbar.

Dieses Werk ist urheberrechtlich geschützt. Die dadurch begründeten Rechte,
insbesondere die der Übersetzung, des Nachdrucks, des Vortrags, der Entnahme von
Abbildungen und Tabellen, der Funksendung, der Mikroverfilmung oder der
Vervielfältigung auf anderen Wegen und der Speicherung in Datenverarbeitungsanlagen,
bleiben, auch bei nur auszugsweiser Verwertung, vorbehalten. Eine Vervielfältigung
dieses Werkes oder von Teilen dieses Werkes ist auch im Einzelfall nur in den Grenzen
der gesetzlichen Bestimmungen des Urheberrechtsgesetzes der Bundesrepublik
Deutschland in der jeweils geltenden Fassung zulässig. Sie ist grundsätzlich
vergütungspflichtig. Zuwiderhandlungen unterliegen den Strafbestimmungen des
Urheberrechtes.

Die Wiedergabe von Gebrauchsnamen, Handelsnamen, Warenbezeichnungen usw. in
diesem Werk berechtigt auch ohne besondere Kennzeichnung nicht zu der Annahme,
dass solche Namen im Sinne der Warenzeichen- und Markenschutz-Gesetzgebung als frei
zu betrachten wären und daher von jedermann benutzt werden dürften.

Die Informationen in diesem Werk wurden mit Sorgfalt erarbeitet. Dennoch können
Fehler nicht vollständig ausgeschlossen werden, und der Diplomica Verlag, die Autoren
oder Übersetzer übernehmen keine juristische Verantwortung oder irgendeine Haftung
für evtl. verbliebene fehlerhafte Angaben und deren Folgen.

© Diplomica Verlag GmbH
http://www.diplomica-verlag.de, Hamburg 2009
Printed in Germany

Inhaltsverzeichnis

1. **Einleitung** 7
   1.1 Reaktionszeiten 8
   1.2 Neuronale Kodierung 11
   1.3 Ultraschnelle Objekterkennung 15
   1.4 Hypothesen 17
2. **Material und Methoden** 21
   2.1 Versuchspersonen 21
   2.2 Gerätschaften 23
      2.2.1 Sakkaden – Reaktionszeiten 23
      2.2.2 Manuelle Reaktionszeiten 24
   2.3 Bildersatz 25
   2.4 Software 26
      2.4.1 Software für die sakkadische Reaktionszeiterhebung 27
      2.4.2 Software für die manuelle Reaktionszeiterhebung 28
   2.5 Versuchsinstruktionen für Versuchspersonen 28
      2.5.1 Instruktionen im EOG-Versuch 28
      2.5.2 Instruktionen für manuelle Versuche 29
   2.6 Versuchsdesign 29
      2.6.1 Experiment 1: Erkennbarkeit und Reaktionszeiten bei Reduktion der präsentierten Bildinformation 30
      2.6.2 Experiment 2: Erkennbarkeit und Reaktionszeiten bei Reduktion und Aufteilung der Bildinformation 31
      2.6.3 Experiment 3: Erkennbarkeit und Reaktionszeiten bei Aufteilung der Bildinformation entsprechend der Leuchtdichte 33
      2.6.4 Experiment 4: Erkennbarkeit und Reaktionszeiten bei Aufteilung der Bildinformation entsprechend der Leuchtdichte in diskreten Stufen (Graustufen) 35
      2.6.5 Experiment 5: Erkennbarkeit und Reaktionszeiten bei Aufteilung der Bildinformation auf verschieden große Schachbrettfelder 36

3. Ergebnisse 37

3.1 Experiment 1: Auswirkung auf die Erkennbarkeit und Reaktionszeiten bei Reduktion der präsentierten Bildinformation 37

3.2 Experiment 2: Auswirkung auf die Erkennbarkeit und Reaktionszeiten (sakkadische und manuelle) bei Reduktion und Aufteilung der Bildinformation 40

3.2.1 Sakkadische Reaktionszeiten 43
3.2.2 Sakkadische Reaktionszeiten - Wiederholung 47
3.2.3 Manuelle Reaktionszeiten 49

3.3 Experiment 3: Auswirkung auf die Erkennbarkeit und Reaktionszeiten bei Aufteilung der Bildinformation entsprechend der Leuchtdichte 53

3.4 Experiment 4: Auswirkung auf die Erkennbarkeit und Reaktionszeiten bei Aufteilung der Bildinformation entsprechend der Leuchtdichte in diskreten Stufen (Graustufen) 54

3.5 Experiment 5: Auswirkung auf die Erkennbarkeit und Reaktionszeiten bei Aufteilung der Bildinformation auf verschieden große Schachbrettfelder 56

4. Diskussion 59

4.1 Experiment 1: Erkennbarkeit in Abhängigkeit von der Bildinformation 59
4.2 Experiment 2: Erkennbarkeit in Abhängigkeit von der Bildinformation und der Aufteilung 60
4.3 Experiment 3: Erkennbarkeit in Abhängigkeit von der Aufteilung und Präsentationsrichtung 63
4.4 Experiment 4: Erkennbarkeit in Abhängigkeit von der Aufteilung und Präsentationsrichtung in diskreten Graustufen 64
4.5 Experiment 5: Erkennbarkeit in Abhängigkeit von der Aufteilung in Quadrate 65
4.6 Bedeutung für die neuronale Kodierung 66
4.7 Ausblick 67

5. Literatur 69

Anhang A - Reaktionszeitanalyse 77

Anhang B - Beispielbilder 79

B.1 Tierbilder 79
B.2 Distraktoren 81

Anhang C - Versuchsinstruktionen 83

C.1 Manuell 83
C.2 EOG 84

1. Einleitung

Die Wahrnehmung bzw. Rekonstruktion der uns umgebenen „visuellen Welt" umfasst höchst komplexe Verarbeitungsmechanismen. Denn allein durch die Aufnahme von Lichtquanten und deren Umwandlung in elektrische Signale muss das Gehirn die visuellen Informationen wie Farbe, Form, Tiefe und Bewegung verarbeiten und zu einem Gesamteindruck zusammenfügen. Diese komplexen Vorgänge finden in kortikalen Arealen und in subkortikalen Strukturen statt. In den subkortikalen Strukturen, zu denen auch die Retina und ihre Schichten zählen, wird das eingehende Signal vorverarbeitet und verstärkt. Von der Netzhaut gelangen die Signale zu der nächsten subkortikalen Verarbeitungsstruktur, dem seitlichen Kniehöcker (LGN, engl.: laterale geniculate nucleus), dessen wichtigste Eigenschaft es ist, das Signal gegebenenfalls gefiltert in den visuellen Kortex weiter zu verschalten. Im Kortex ist das erste Areal, das sich auf die Verarbeitung von visuellen Informationen spezialisiert hat, V1 (erstes visuelles Areal). In V1 z.B. findet die Verarbeitung der Orientierung von Linien, deren Länge und ihre Bewegungsrichtung statt. Aber auch Farbinformationen und andere Submodalitäten werden hier verarbeitet. Die in der Verarbeitungsabfolge später liegenden Areale werden zunehmend spezialisierter in ihrer Präferenz für Reize. Zu diesen Reizen gehören komplexe Formen (objektsensitive Areale), Bewegung (bewegungssensitive Areale (MT+)) und komplexe Modalitäten [KANDEL ET AL, 2000]. Letztendlich entsteht durch die unterschiedlichen Verarbeitungsmuster und einer vielschichtigen Verschaltung zwischen den einzelnen kortikalen Gebieten ein bewusster Eindruck unserer Umwelt.

In dieser Studie soll das Interesse auf die schnelle Objekterkennung und die Kategorisierung gelegt werden. Die Besonderheit dieser Fähigkeit liegt darin, dass Menschen in der Lage sind, innerhalb kürzester Zeit ein Objekt zu erkennen und dieses zu kategorisieren. Dabei erzielen junge Erwachsener manuelle Reaktionszeiten von unter 400 ms [KIRCHNER UND THORPE, 2006]. Zum besseren Verständnis der vorliegenden Studie, werden im Folgenden die Reaktionszeiten, die Grundlagen der neuronalen Kodierung und die Versuche von Thorpe behandelt [KIRCHNER UND THORPE, 2006].

1.1 Reaktionszeiten

Reaktionszeit ist die Zeit zwischen der Präsentation eines Stimulus und einer entsprechenden Verhaltensäußerung. Abhängig von Stimulus und der Aufgabe lassen sich Reaktionszeiten in drei Kategorien einteilen [DONDERS, 1868, KANDEL ET AL, 2000]. Die erste Kategorie ist die einfache Reaktionszeit. Hierbei muss die Versuchsperson lediglich auf die Änderung einer Modalität achten, ungeachtet davon in wieweit sich die Modalität ändert. Ein Beispiel hierfür ist die Startpistole bei einem Sportwettkampf. Der Athlet muss nur auf den Knall der Pistole achten und dann sofort reagieren. In solch einfachen Bedingungen kann ein gesunder junger Erwachsener Reaktionszeiten im Mittel von 160 ms erzielen [PAREKH ET AL, 2004]. Längere Reaktionszeiten sind in der zweiten Kategorie von Reaktionszeiten zu finden, in den so genannten „Go/no-Go"-Experimenten. Dabei muss der zeitliche Beginn einer speziellen Reizeigenschaft erkannt werden, der andere nicht Zieleigenschaften vorausgehen und auch folgen können. Bei der dritten Art von Reaktionszeiten muss die Versuchsperson eine Wahlentscheidung zwischen mehreren Reizeigenschaften und Antwortmöglichkeiten treffen. Die Wahlreaktionszeit hängt dabei stark davon ab, wie viele Reizeigenschaften und Antwortmöglichkeiten zur Verfügung standen. Sie ist jedoch selten im Mittel schneller als 400 ms. Häufig werden in Zusammenhang mit Wahlreaktionszeiten auch Paradigmen gewählt, in denen die Versuchsperson gezwungen ist zu antworten („Forced-choice" Paradigma). Die Entscheidung dauert umso länger je mehr Auswahlmöglichkeiten man hat und je unsicherer man ist [STERNBERG, 1969; ROUSSELET ET AL, 2004].

Reaktionszeiten sind in der Psychophysik mit einer willentlichen motorischen Handlung verbunden, in der Regel mit der Bewegung eines Körperteils oder der Ausführung eines bestimmten komplexen Verhaltens. Dabei kann der jeweilige Bewegungsprozess ganz unterschiedlich sein. Vor allem zwei Bewegungsarten sind für die hier vorliegende Untersuchung von Bedeutung: Die manuelle Reaktion (Bewegung der Hände) und die sakkadische Reaktion (Bewegung der Augen).

Es gibt verschiedene Methoden um sakkadische Bewegungen zu messen. Eine ist zum Beispiel die Implantation einer kleinen Spule unter der Bindehaut. So kann in einem elektromagnetischen Feld durch Induktion und Reinduktion in externe Spulen die Augenposition sehr genau im Raum bestimmt werden [FUCHS, 1967; MALPELI, 1998]. Diese Methode ist jedoch invasiv und daher für die Untersuchung am Menschen ungeeignet. Andere, nicht invasive, Methoden bestehen darin, eine solche Spule in einer Kontaktlinse einzubauen oder das Auge über eine Kamera zu beobachten und durch eine spezielle Software die genaue Blickrichtung zu lokalisieren (Eyetracker) [BEKKERIN ET AL, 1994]. Die notwendige Software ist jedoch sehr aufwändig und schwer in neue Systeme zu implementieren. Wesentlich einfacher ist es, mit Hilfe des Elektrookulogramm (EOG) die elektromagnetischen Eigenschaften des Auges direkt auszunutzen. Das Auge ist aufgrund seines Aufbaues ein Dipol. Das bedeutet, dass das Auge einen elektrisch positiven und einen negativen Pol besitzt. Verantwortlich für diesen Umstand ist der Aufbau der Retina in der die Photorezeptoren und die retinalen Ganglienzellen mit ihrem negativen Potential an der Rückseite des Auges liegen und so zusammen mit der Cornea ein bewegliches Dipolmoment erzeugen. Der Potentialunterschied zwischen Netzhaut und Cornea beträgt dabei ungefähr 30 mV. Elektroden, die an beiden Seiten des Auges auf die Haut geklebt werden, können dieses Potential messen. Bewegt sich der Augenhintergrund beispielsweise auf die linke Elektrode zu und von der rechten weg, so nähert sich der linken Elektrode ein negativeres Potential (Retina) und der rechten Elektrode nähert sich ein positiveres Potential (Cornea) an. Der Potentialunterschied zwischen den beiden Elektroden nimmt dabei zu. Je nachdem wie die Elektroden zueinander definiert sind, wird je nach Blickrichtung ein negatives bzw. ein positives Potential gemessen. Diese Methode ist sehr zuverlässig und erlaubt es, über die Amplitude der Potentialänderungen abzuschätzen, wie weit sich die Augen bewegt haben. Ein weiterer Vorteil dieser Methode ist die hohe zeitliche Auflösung, die im Millisekundenbereich liegt. Wie im Einzelnen die Messung des EOGs in unserem Experiment erfolgte, wird im Material und Methodenteil beschrieben [BROWN ET AL, 2006].

Die gemessenen Reaktionszeiten sind ohne entsprechende statistische Analyse wenig aussagekräftig. Normalerweise werden nur der Mittelwert, der Median und die Varianz bestimmt [DONDERS, 1868; BOULINGUEZ ET AL, 2000; DANE UND ERZURUMLUOGLU, 2003; DAVRANCHE ET AL, 2006]. Durch die Verwendung von Mittelwert und Varianz erhält man leicht eine falsche Vorstellung von der zugrunde liegenden Verteilungsfunktion. Die Reaktionszeiten folgen nicht einer Normalverteilung, sondern einer linkssteilen/rechtsschiefen Verteilung (siehe Abb. 1) [ZANDT, 2000].

Dichtefunktion für eine manuelle Reakionszeitverteilung

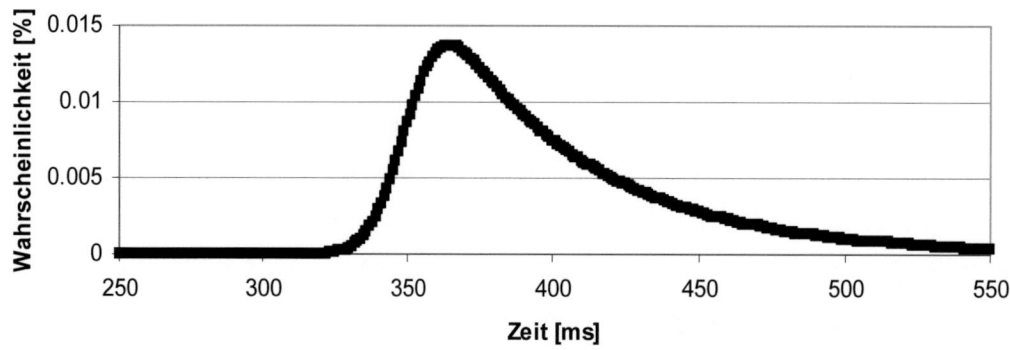

Abb. 1: Dargestellt ist der theoretische Verlauf einer Reaktionszeitverteilung, beschrieben durch die Parameter Mittelwert (normalverteilter Anteil) µ (350 ms), Varianz σ^2 (10 ms) und τ (50 ms).

Eine bessere Methode um Reaktionszeiten zu beschreiben, besteht darin, eine Verteilungsfunktion zu finden, die nicht nur den Mittelwert, sondern auch die restliche Verteilungsfunktion gut annähert. Eine dieser Näherungen ist die Ex-Gauss-Funktion [ZANDT UND RATCLIFF, 1995; ZANDT, 2000]. Die Ex-Gauss-Funktion ist eine Normalverteilung mit dem Mittelwert µ und der Varianz σ^2, erweitert um eine exponentielle Funktion mit einer zusätzlichen Variablen mit einem mittleren Wert von τ.

Formel 1
$$f(RT) = \frac{1}{\tau} e^{\frac{\mu - RT}{\tau} + \frac{\sigma^2}{2\tau^2}} \Phi\left(\frac{RT - \mu}{\sigma} - \frac{\sigma}{\tau}\right)$$

In der Formel 1 entspricht Φ dem Operator der Stammfunktion der Normalverteilung. Da sich die Untersuchungen in dieser Studie auf die frühen Reaktionszeiten konzentrieren, wird die Nährung benötigt, um den Modalwert der Verteilungsfunktion zu erhalten (hier der Mittelwert µ des normalverteilten Anteils der Ex-Gauss-Funktion). Die mathematischen Eigenschaften der Ex-Gauss-Verteilung finden sich im Anhang A. Frühe Reaktionszeiten erlauben es, die benötigte Mindestdauer eines Prozesses abzuschätzen. Diese Abschätzung wiederum wird benötigt, um Modellierungen der Grundlagen der neuronalen Kodierung zu ermöglichen.

1.2 Neuronale Kodierung

Die Art der neuronalen Kodierung ist Gegenstand von hitzigen Debatten in der wissenschaftlichen Gemeinschaft. Dabei werden vor allem zwei Modelle diskutiert. Zum einen die Ratenkodierung [LANSKY UND GREENWOOD, 2007] und zum anderen die zeitliche Kodierung [THEUNISSEN UND MILLER, 1995]. Die genaue Definition der einzelnen Modelle weicht bisweilen voneinander ab und daher soll hier kurz eine Darstellung der beiden Modelle erfolgen, wie sie in dieser Studie zugrunde gelegt werden. Diese Studie wird nicht auf das Entstehen von Aktionspotentialen und ihre Weiterleitung eingehen, es wird daher empfohlen erforderlichenfalls die einschlägige Fachliteratur zu konsultieren [KANDEL ET AL, 2000].

Die Raten-Kodierung wurde erstmals durch Adrian [ADRIAN UND ZOTTERMAN, 1926] beschrieben, als er einen Muskel mit Gewichten beschwerte und zeitgleich die neuronale Aktivität beobachtete. Er erkannte dabei einen Zusammenhang zwischen Reizstärke und neuronaler Aktivität. Diese Aktivität beschrieb er durch die mittlere Feuerrate der einzelnen Neuronen. Die mittlere Feuerrate wird meistens über lange Zeiträume beobachtet und gemittelt. Dies können bisweilen mehrere Sekunden sein. Aus diesem Grund muss man von der mittleren Feuerrate die frühe Feuerrate abgrenzen. Die frühe Feuerrate betrachtet nur ein sehr kleines Zeitfenster unmittelbar nach der Aktivierung des Neurons. In diesem Zeitfenster, das in der Regel kleiner als 100 ms ist, findet sich nur ein Teil, der vom Neuron abgegebenen Aktionspotentiale, der es erlaubt, eine Feuerfrequenz für diesen kurzen Bereich abzuschätzen [VAN ROSSUM ET AL, 2002]. Die gefundene Frequenz ist meist deutlich höher als die mittlere Feuerrate. Sowohl aus der frühen Feuerrate als auch aus der mittleren Feuerrate lassen sich Rückschlüsse auf die Intensität oder Qualität des Reizes schließen (siehe Abb. 2). So wurde nicht nur gezeigt, dass man mittels der im Kortex aufgezeichneten Aktionspotentialen auf den Stimulus schließen kann [BRITTEN ET AL, 1993], sondern es auch möglich ist, mit Hilfe der Aufzeichnung des Verhaltens einer Zelle das Verhalten eines Affen vorherzusagen. Bisweilen ist die einzelne Zelle sogar reizangepasster in ihrem Verhalten als das Tier selbst [BRITTEN ET AL, 1996].

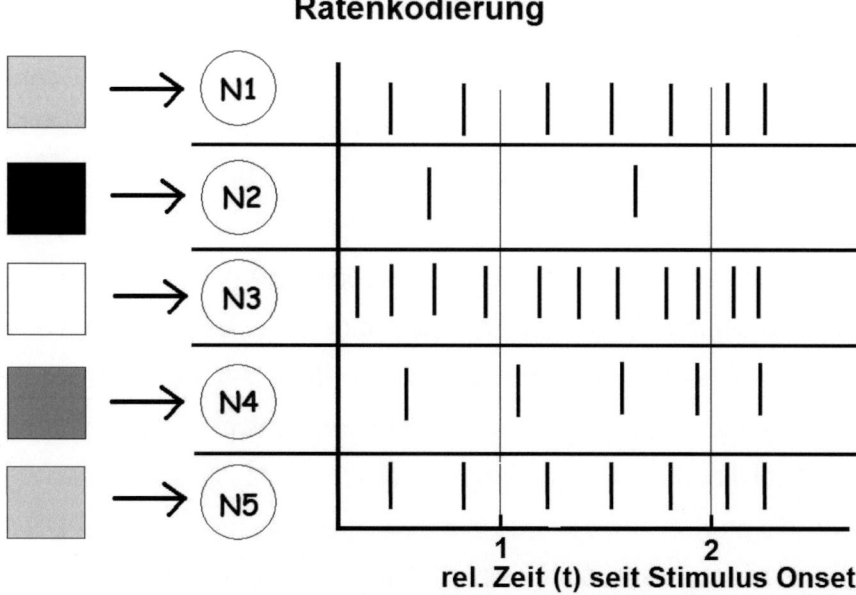

Abb. 2: Dargestellt ist die zeitliche Abfolge der Aktionspotentiale von fünf unabhängigen Neuronen, die entsprechend der Ratenkodierung Reizintensität (weiß = hoch, schwarz = niedrig) in eine Feuerrate transformieren.

Die Kernaussage der Ratenkodierung ist, dass sich die Feuerrate mit Reizintensität oder Qualität ändert. Die oben gegebenen Beispiele zeigen auch auf, dass diese Theorie sich mit empirischen Fakten belegen lässt. Sie hat jedoch auch Nachteile. So muss die Feuerrate der einzelnen Neurone für die Folgeneurone erkennbar sein. Die Neurone benötigen also eine gewisse Integrationszeit oder den Eingang vieler aufschaltender Neurone, um die relative Stärke des Einganges beurteilen zu können und selbst Aktionspotentiale zu generieren [VAN ROSSUM ET AL, 2002]. Dieser Zusammenhang ist besonders wichtig für eine mittlere Feuerrate, die über einen weiten Zeitraum abgeschätzt werden muss. Weniger entscheidend ist dies, wenn nur die frühe Feuerrate Träger der Information ist. Die Information ist hierbei die Qualität und/oder Intensität eines Reizes. Wenn im Weiteren von der Ratenkodierung gesprochen wird, ist die frühe Feuerratenkodierung gemeint.

Die Ratenkodierung kann noch weiter reduziert werden, wenn lediglich die ersten eintreffenden Aktionspotentiale betrachtet und bezüglich ihres relativen Abstands zueinander bestimmt werden. Bei dieser Betrachtungsweise nähert man sich schrittweise einer zeitlichen Kodierung an.

Die zeitliche Kodierung ist relativ schlecht definiert, da der Begriff auf verschiedenste Kodierungsformen angewendet wird, die eine zeitlich genaue Aktionspotentialgenerierung voraussetzen [THEUNISSEN UND MILLER, 1995]. Die Interpretation von zeitlich genauen Ereignissen kann ergänzend zur Ratenkodierung sein, wie zum Beispiel die zeitliche Position der ersten Aktionspotentiale oder der Abstände zwischen den einzelnen Aktionspotentialen (eine Art Frequenzkodierung). Sie kann jedoch auch komplexe zeitliche Muster beschreiben, die ein einzelnes Neuron in Verbindung mit intrinsischen Vorgängen bildet. Dieses Muster muss dann entsprechend vom Folgeneuron wieder in eine bestimmte Aktivierung übersetzt werden, die der Intensität und/oder Qualität des Reizes entspricht. Zur zeitlichen Kodierung zählen auch Korrelationsmodelle, die einen Zusammenhang zwischen synchroner Aktivität verschiedener Neurone und deren Informationsverarbeitung herstellen [THEUNISSEN UND MILLER, 1995]. So wichtig alle diese einzelnen Modelle sind, so konzentriert sich diese Studie doch vor allem auf ein bestimmtes zeitliches Kodierungsmodell: Die zeitliche Reihenfolge einzelner von gleichen Reiz generierter Aktionspotentiale verschiedener Nervenzellen zueinander [VANRULLEN UND THORPE, 2002].

Bei der zeitlich verzögerten Reihenfolgekodierung handelt es sich um ein Populationskodierungsmodell. Dies steht im Gegensatz zur Ratenkodierung, die je nach Auffassung ein unabhängiges Einzelzellkodierungsmodell darstellen kann oder ein Populationskodierungsmodell. Dabei wird die jeweilige Information nicht alleine durch ein Neuron übertragen, sondern durch ein Ensemble von Neuronen, die in Abhängigkeit von ihrer jeweiligen Erregung zeitlich genau positionierte Aktionspotentiale erzeugen. Die einzelnen Aktionspotentiale sind hierbei zueinander verzögert (siehe Abb. 3). Die frühen Aktionspotentiale entsprechen einer starken und die späten einer schwachen Erregung [GAUTRAIS UND THORPE, 1998].

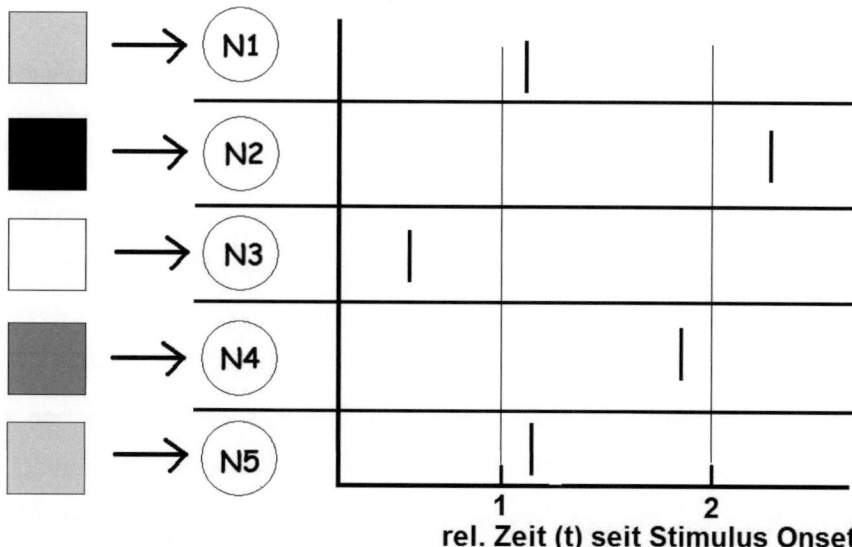

Abb. 3: Dargestellt ist die zeitliche Abfolge der Aktionspotentiale von fünf unabhängigen Neuronen, die entsprechend der zeitlichen Kodierung Intensität (weiß = hoch, schwarz = niedrig) in eine relative zeitliche Verzögerung der Einzelpotentiale transformiert.

In diesem Modell reicht ein einzelnes Neuron nicht aus, um Aussagen über die Intensität oder Qualität eines Reizes zu machen, da eine entsprechende Referenz fehlt. Je nachdem ob die zeitliche Verzögerung einer Population als abhängig bzw. unabhängig aufgefasst wird, ergeben sich zwei Arten von Kodierungsmodellen. Sind die Verzögerungen nicht nur abhängig von dem präsentierten Reizmuster, sondern auch vom Aufbau der Empfängerstruktur und deren Verschaltung, so ergibt sich ein sequentielles Verzögerungsmodell. Dabei sind die Verzögerungen der einzelnen Aktionspotentiale zueinander zeitlich relativ fest und erlauben so eine sequenzbezoge Interpretation [THEUNISSEN UND MILLER, 1995]. Das Auftreten von zusätzlichen Aktionspotentialen ist nicht störend, da diese keine Bezugsaktionspotentiale besitzen und daher nicht interpretiert werden können. Sind Verzögerungen ausschließlich abhängig von dem präsentierten Reizmuster, also unabhängig vom Aufbau bzw. von internen Verschaltungen der Neurone untereinander, so ergibt sich eine reine Verzögerungskodierung. Diese Kodierung benötigt eine externe Referenz und ist anfällig gegenüber zufällig auftretenden Aktionspotentialen, da diese Aktionspotentiale im Sinne einer relativen Verzögerung in die Interpretation mit einbezogen werden. Die Kodierung durch relative Verzögerung hat noch eine weitere Auswirkung auf die Informationsübertragung. Die stärksten Eingänge erhalten die retinalen Ganglienzellen mit großen rezeptiven Feldern. Sie übertragen zuerst die entsprechenden niederfrequenten Ortsfrequenzen. Erst mit dem Eintreffen späterer Aktionspotentiale von retinalen Ganglienzellen mit kleineren rezeptiven Feldern, schärft sich das Bild und der Anteil der hochfrequenten Anteile nimmt zu [VANRULLEN UND THORPE, 2001a].

Diese Studie setzt sich ausschließlich mit der zeitlichen Verzögerungskodierung auseinander. Daher ist im Weiteren, wenn von zeitlicher Kodierung gesprochen wird, ausschließlich die reine Verzögerungskodierung gemeint. Zusammengefasst für beide Kodierungsformen ergibt sich für die Ratenkodierung, dass ihre Stärke in der robusten Informationsübermittlung liegt, während sich die zeitliche Kodierung durch ihre hohe Übertragungsgeschwindigkeit auszeichnet. Die Untersuchungen [KIRCHNER UND THORPE, 2006] zur ultraschnellen Objekterkennung des Menschen, in denen die zeitliche Kodierung favorisiert wird, werden im nächsten Teil besprochen.

1.3 *Ultraschnelle Objekterkennung*

Ein vehementer Vertreter der zeitlichen Kodierung ist Thorpe, der sie unter dem Begriff der zeitlichen Reihenfolgen Kodierung (engl.: temporal order code) verficht [GAUTRAIS UND THORPE, 1998; FABRE-THORPE ET AL, 2001: VANRULLEN UND THORPE, 2001; VANRULLEN UND THORPE, 2002; GUYONNEAU ET AL, 2004; VANRULLEN ET AL, 2005; KIRCHNER UND THORPE, 2006; MASQUELLIER UND THORPE, 2007]. Es handelt es sich dabei um eine verzögerte zeitliche Kodierung im oben beschriebenen Sinne. Thorpe konnte in seinen Experimenten zeigen, dass Versuchspersonen im Mittel nur 450 ms benötigten, um manuell innerhalb eines Go/no-Go Versuchs anzuzeigen, ob sich ein Tier innerhalb eines natürlichen Bildes befindet oder nicht [FABRE-THORPE ET AL, 2001]. In einem vergleichbaren Experiment, in dem die Versuchspersonen jedoch nicht mehr mit den Händen, sondern durch Augenbewegungen antworten sollten, wurden zwei Bilder nebeneinander gezeigt. Die Versuchspersonen sollten auf dasjenige der Bilder blicken, welches ein Tier enthielt. Der Median der Reaktionszeiten betrug hier ca. 230 ms. Die frühesten Antworten, die über der Ratewahrscheinlichkeit lagen, kamen schon nach ca. 120 ms. Berücksichtigt man die Zeit, die benötigt wird, um eine Sakkade zu generieren von ca. 20 – 25 ms, so ergibt dies eine maximale Verarbeitungsdauer von weniger als 100 ms [KIRCHNER UND THORPE, 2006].

Dieser Befund steht im Widerspruch zu den EEG-Daten, die den ersten Unterschied in den frontalen Potentialen, zwischen den beiden Reiztypen die er bis dahin mit der Verarbeitung in Verbindung gebracht hatte, erst nach 150 ms verzeichneten [VANRULLEN UND THORPE, 2001b; FIZE ET AL, 2005]. Kirchner und Thorpe kamen zu dem Schluss, dass diese Potentiale der eigentlichen Erkennung nachfolgen [KIRCHNER UND THORPE, 2006].

Die kurzen Latenzen der Reaktionszeiten sind nicht nur auf Tierbilder beschränkt, sondern lassen sich auch bei anderen komplexen Stimuli finden wie z.B. Gesichtern oder Fahrzeugen [VANRULLEN UND THORPE, 2001b; ROUSSELET ET AL, 2007]. Dabei läuft die Verarbeitung über die Netzhaut, das LGN und das erste visuelle Areal (V1) zum zweiten visuellen Areal (V2), dann zum visuellen Areal V4 und zum lateralen posterioren Sulcus (LIP) und danach zum frontalen Augenfeld (FEF). Im frontalen Augenfeld wird die Sakkade generiert [SMITH UND RATCLIFF, 2004]. Den, an der Verarbeitung beteiligten visuellen Arealen steht bei hierarchischer Abfolge nur ein Bruchteil der Latenzzeit zu, um zu einer Entscheidung zu gelangen und diese an die nächste Stufe weiterzuleiten. Daraus wird geschlussfolgert, dass im Schnitt pro Verarbeitungsstufe nicht mehr als 15 ms zur Verfügung stehen. Diese Zeit beinhaltet die synaptische Transmission der vorangegangenen Stufe, die Integration und Weiterleitung von Erregung zum Axonhügel, die Aktionspotentialgenerierung und Fortleitung [STEMMLER, 1996].

Die ultraschnelle Objekterkennung reizt die Grenzen des visuellen Systems aus und macht es erforderlich, die Kodierungsmodelle, die in den Neurowissenschaften vorherrschen, unter diesem Gesichtspunkt neu zu beleuchten [KIRCHNER UND THORPE, 2006]. Von den vorhandenen Modellen thematisiert Thorpe in seinen Veröffentlichungen die Ratenkodierung als klassisches Modell und die zeitliche Kodierung als alternatives Modell [GAUTRAIS UND THORPE, 1998; KIRCHNER UND THORPE, 2006].

1.4 Hypothesen

Wie können nun Reaktionszeiten und insbesondere die frühen Reaktionszeiten so beeinflusst werden, dass sie uns Aufschluss auf die zugrunde liegende Verarbeitung geben? Ein einfacher Weg um Reaktionszeiten zu beeinflussen besteht darin, die Aufgabe und die Präsentationsweise zu verändern. Die Versuche in dieser Untersuchung nutzen diese Modifikationen.

Im ersten Experiment soll ein einfacher Zusammenhang zwischen Bildinformation und Erkennbarkeit gezeigt werden. Je weniger Bildinformation der Versuchsperson zur Verfügung steht, desto schlechter und langsamer sollte sie reagieren. Am einfachsten lässt sich die Information durch Entfernung einzelner Bildelemente reduzieren. Bei den Bildelementen handelt es sich um zufällig ausgewählte Bildpunkte (Pixel). Es wird erwartet, dass die Fehlerquote steigt und die durchschnittliche Reaktionszeit zunimmt. Schnelle Reaktionszeiten sollten seltener auftreten oder mit mehr Fehlern assoziiert sein. Da bereits in anderen Untersuchungen gezeigt wurde, dass sich die Reaktionszeiten mit abnehmender Information und abnehmender Intensität eines Reizes ändern [MILLER UND ULRICH, 2003], dient der Versuch vor allem als Vergleichsbedingung für die folgenden Experimente und zur besseren Einordnung der Ergebnisse in die bisherige Forschung.

Basierend auf der Kernaussage der zeitlichen Kodierung, dass nämlich die relative Lage der einzelnen Aktionspotentiale zueinander die Information über den Reiz überträgt, wird die Hypothese getestet, dass eine zeitliche Streuung der Zielreizdarbietung die Informationsverarbeitung stört. Die Versuchspersonen sollten nicht mehr ohne weiteres in der Lage sein, das Bild zu erkennen bzw. es schlechter erkennen, wenn die Darbietungszeitpunkte der Einzelelemente eines Bildes relativ zueinander zunehmend versetzt werden. Greift jedoch ein anderer Mechanismus als die reine zeitliche Kodierung, sollte die Versuchsperson auch weiterhin in der Lage sein, das Bild zu erkennen. Die Reaktionszeiten sollten sich in beiden Fällen ändern, unabhängig von der Kodierungsstrategie. Bei zeitlicher Kodierung ist zu erwarten, dass die eintreffende Bildinformation in den frühen Aktionspotentialen zu spärlich ist, somit die Aufgabe schwieriger wird und deshalb die Reaktionszeiten zunehmen. Bei der Ratenkodierung muss an mindestens einer Stelle integriert werden, die Reaktionszeiten wären abhängig von der Integrationsschwelle, die bei schwacher Reizung erst später überschritten würde. Sollten die Ergebnisse zeigen, dass sich die Leistung der Versuchspersonen in Abhängigkeit von der Bildinformation deutlich ändert und die Reaktionsgeschwindigkeiten steigen, so spricht das für eine zeitliche Kodierung. Bleibt die Erkennbarkeit gleich und die Reaktionsgeschwindigkeiten ändern sich entsprechend der Präsentationsdauer, so ist davon auszugehen, dass die Ratenkodierung der Hauptträger der Information ist.

Eine andere Möglichkeit, den zeitlichen Ablauf zu stören, besteht darin, die Bildinformation nicht zufällig auf ein zeitliches Muster zu verteilen, sondern entsprechend einer bestimmten Qualität. Zeigt man in diesem Sinne die hellen Bildanteile (Bildpunkte) zuerst und die dunkleren später, so sollten die Informationen bei einer zeitlichen Kodierung übertrieben sein. Umgekehrte Präsentation sollte zu einer Verschlechterung der Wahrnehmung führen. Folglich sollte die Erkennbarkeit bei einer Präsentation von dunkel nach hell sinken und die Reaktionszeiten sollten steigen. In umgekehrter Präsentationsrichtung sollten sich die Erkennbarkeit und die Reaktionszeiten nicht von einer Kontrolle unterscheiden bzw. sogar besser und schneller sein. Damit die Ratenkodierung als wahrscheinlicheres Modell angenommen werden kann, sollte die Art der zeitlichen Auftrennung der Bildinformation nicht zu unterschiedlichen Leistungen und Reaktionszeiten führen.

Eine weitere bestand darin herauszufinden, ob es ein Reizparadigma gibt, in der die zeitliche Kodierung gegenüber der Ratenkodierung im Vorteil ist. Wenn Bildpunkte entsprechend ihrer Helligkeit zeitlich nacheinander gezeigt werden, jedoch alle mit der gleichen Leuchtdichte, so könnte der zeitliche Versatz bei zeitlicher Kodierung als Leuchtdichteunterschied interpretiert werden und somit eine Rekonstruktion des Bildes erlauben. Je nachdem, ob von hell nach dunkel bzw. Von dunkel nach hell präsentiert wird, sollte bei zeitlicher Kodierung das Originalbild oder ein Negativ vom Bild für den Probanden entstehen. Die Probanden wären dann in der Lage, mit einer guten Leistung und schnellen Reaktionszeiten zu reagieren (Originalbild) bzw. mit eingeschränkter Leistung und mit verlängerten Reaktionszeiten (Negativbild) [ITIER UND TAYLOR, 2002]. Ist die Ratenkodierung entscheidend, sollte in beiden Fällen die Erkennbarkeit stark beeinträchtigt sein und somit sollten die Reaktionszeiten hoch sein.

Um widersprüchliche Information zu erzeugen, kann die Bildinformation entsprechend ihrer Leuchtdichte aufgeteilt und in diskreten Graustufen gezeigt werden. Die hellen Bildpunkte werden bei zeitlicher Kodierung, wenn sie später präsentiert werden, als schwächer interpretiert und umgekehrt. Bei der Präsentation dunkler Bildpunkte zu Beginn und in diskreten Graustufen, sollte bei überwiegend zeitlicher Kodierung ein graues oder zumindest ein kontrastärmeres Bild entstehen. Bei umgekehrter Präsentation sollte ein im Kontrast übersteigertes Bild generiert werden. Wiederum bei der Ratenkodierung sollte lediglich der Eindruck eines in acht diskreten Graustufen aufgebauten Bildes entstehen. Auch hier liegt bei normaler Leistung und schnellen Reaktionszeiten die Vermutung nahe, dass die Ratenkodierung den wesentlichen Beitrag zur Verarbeitung liefert. Ist die Leistung jedoch beeinträchtigt oder gar unterschiedlich für die Präsentationsrichtung spricht dies für die zeitliche Kodierung.

In Verbindung mit der schnellen zeitlichen Kodierung getroffen wurde auch die Aussage gemacht, dass die niedrigen Ortsfrequenzen in einem Bild zuerst übertragen werden und diese entscheidend für den Erfolg der schnellen Bilderkennung sind. Bei allen bisher im Rahmen der Studie beschriebenen Präsentationsweisen führte die Aufteilung der Bildinformation auf verschiedene Frames zu einer mehr oder minder starken hochfrequenten Störung im Ortsbereich. Daher sollte diese Art der Präsentation die Erkennbarkeit nur geringfügig beeinflussen, wenn die Erkennung auf den niedrigen Ortsfrequenzen beruht und diese weitgehend erhalten bleiben.

Diese Annahme führt zu der Vorhersage, dass eine niederfrequente Störung zu einer deutlichen Verschlechterung der Erkennbarkeit führen sollte. Eine solche Störung wird durch das Aufteilen der Bildinformation auf Quadrate erreicht, die wesentlich größer als die bisher verwendete Pixelauflösung sind. Je größer die Quadrate sind, desto stärker behindert die eingeführte Störung die niederfrequenten Bildanteile. Sind tatsächlich die niederfrequenten Anteile entscheidend für die schnellen Reaktionszeiten, sollte eine deutliche Verschlechterung und Verlangsamung eintreten. Bei reiner Ratenkodierung sollte kein Einfluss feststellbar sein.

2. Material und Methoden

Im Folgenden werden die an den Versuchen beteiligten Versuchspersonen beschrieben, gefolgt von den eingesetzten Gerätschaften, dann den verwendeten Bildersatz und es wird die verwendete Software dargestellt.

2.1 Versuchspersonen

An den Experimenten nahmen insgesamt 13 Versuchspersonen teil, davon waren 12 weiblich und eine männlich. Das Durchschnittsalter der Versuchspersonen betrug 24,7 Jahre (SD=1,8). Das jeweilige Alter und die Ergebnisse der Voruntersuchung können der Tabelle 1 entnommen werden. Alle Teilnehmer gaben ihr schriftliches Einverständnis für die Teilnahme an den Versuchen nachdem sie über die Art der Untersuchungen und die möglichen (geringen) Risiken schriftlich aufgeklärt wurden (siehe Anhang E). Für die Teilnahme an den Versuchen gab es eine Aufwandsentschädigung von 8 € pro Stunde.

Im Rahmen einer Voruntersuchung wurde sichergestellt, dass alle Versuchspersonen die Voraussetzungen für den Versuch erfüllten. Die Ausschlusskriterien waren ein Alter von unter 20 Jahren und über 30 Jahren, ein nah und fern Visus für beide Augen von unter 0,8, das Vorliegen einer Farbsehstörung, Erkrankungen und/oder Einnahme von Medikamenten, die die Reaktionsfähigkeit beeinflussen.

Tabelle 1: Versuchspersonen aller Experimente

Versuchsperson	Alter	Visus (nah)	Farbtüchtig	Erkrankungen	Medikamente	Bemerkung
Voraussetzungen	20 - 30J.	>0,8	Ja	Keine	Keine	
VP1	24	>1,25	Ja	Keine	Keine	
VP2	23	>1,25	Ja	Keine	Keine	Raucher
VP3	26	>1,25	Ja	Keine	Keine	
VP4	23	>1,25	Ja	Keine	Keine	
VP5	24	>1,25	Ja	Keine	Keine	
VP6	24	>1,25	Ja	Keine	Keine	Raucher
VP7	30	>1,25	Ja	Epilepsie	Neuroleptika	Raucher
VP8	25	>1,25	Ja	Keine	Keine	Raucher
VP9	23	>1,25	Ja	Keine	Keine	Raucher
VP10	25	>1,25	Ja	Keine	Keine	
VP11	24	>1,25	Ja	Keine	Keine	
VP12	25	>1,25	Ja	Keine	Keine	männlich
VP13	25	>1,25	Ja	Schilddrüse	Schilddrüsen-Hormon	

Am ersten Experiment nahmen sechs weibliche (VP1, VP4, VP5, VP10, VP11, VP13) und eine männliche Versuchsperson (VP12) teil. Die Probanden hatten schon an psychometrischen Messungen teilgenommen, in denen über Knopfdruck geantwortet werden musste. Ein Teil dieser vorangegangen Experimente beinhaltete das Erkennen von Objekten, darunter auch Tiere innerhalb natürlicher Szenen.

Am zweiten Experiment nahmen zehn weibliche Versuchspersonen (VP1, VP2, VP4, VP5, VP6, VP7, VP9, VP10, VP11 und VP13) teil. Eine Versuchsperson (VP7) nahm Neuroleptika, um eine vorher bestehende epileptische Erkrankung zu behandeln. Trotz dieser Einschränkung verblieb sie in der Studie, da sie kein signifikant abweichendes Verhalten zeigte. Vier Versuchspersonen (VP2, VP6, VP7 und VP9) rauchten regelmäßig 10 bis 20 Zigaretten am Tag. Da Nikotinabhängigkeit kein Ausschlusskriterium war, verblieben diese vier Versuchspersonen ebenfalls in der Studie.

An der Wiederholung des EOG Experiment nahmen sieben Versuchspersonen (VP1, VP3, VP6, VP7, VP10, VP11 und VP13) teil, von denen eine (VP3) nicht am vorangegangenen EOG Experiment teilgenommen hatte. Alle Versuchspersonen waren weiblich.

Am Experiment drei nahmen sechs Versuchpersonen (VP1, VP3, VP4, VP10, VP11, VP13) teil, von denen fünf bereits an manuellen Versuchen teilgenommen hatten und eine weitere Person (VP3), die im Rahmen von Untersuchungen mit einer anderen Fragestellung den Versuchsaufbau kannte.

Am Experiment vier nahmen sechs Versuchpersonen (VP1, VP6, VP8, VP10 und VP12) teil, von denen fünf bereits an vorangegangenen Versuchen teilgenommen hatten und eine weitere Person (VP8), die im Rahmen der Versuchsentwicklung den Versuchsaufbau kannte. Die Versuchsperson VP8 rauchte bis zu 20 Zigaretten am Tag.

2.2 Gerätschaften

In den einzelnen Experimenten fand entweder die Reaktionszeitbestimmung über Sakkaden oder manuelle Reaktionen statt. Entsprechend der Methode zur Erhebung der Daten unterschieden sich die Versuchsaufbauten.

2.2.1 Sakkaden – Reaktionszeiten

Der Reizmonitor (EIZO T662-T, 20 Zoll) war als zweiter Monitor am Reizrechner eingerichtet und hatte eine räumliche Auflösung von 640 x 480 Bildpunkten, sowie eine Bildwiederholrate von 150 Bildern pro Sekunde (150 Hz). Die Bildpräsentation erfolgte über ein am Institut für Humanbiologie Bremen entwickeltes Präsentationsprogramm, das in der institutseigenen Software-Bibliothek hinterlegt wurde (Dateiname: Imageshuffle.exe). Nähere Einzelheiten zur Funktionsweise der verwendeten Software finden sich im Unterpunkt „2.4 Software".

Zur EOG-Ableitung wurden Goldnapfelektroden orbital (1 cm Durchmesser) und nasal (0,5 cm Durchmesser) neben jedem der beiden Augen und eine Erdungselektrode (1cm Durchmesser) an der Stirn angebracht. Der Widerstand jeder Elektrode wurde unter Verwendung von Nihon Kohden „Elefix" Elektrodenpaste auf unter

5 kΩ gesenkt. Die Augenelektroden bildeten eine 2 Kanal-Konfiguration für jedes Auge, mittels derer sich die horizontale Position der Augen bestimmen ließ. Vertikale Bewegungen konnten nicht erfasst werden. Die an den Elektroden gemessenen Potentiale wurden mithilfe eines Toennies AC-Verstärkers und einer Bandpassfilterung von 0,3 Hz bis 70 Hz sowie einer Bandspeere für 50 Hz gefiltert und verstärkt. Die Daten wurden mit 12 Bit und einer Aufnahmerate von 400 Hz auf einem AMD Athlon Rechner (Betriebssystem Windows 98) aufgenommen. Eine serielle Schnittstelle verband Aufnahmerechner und Reizrechner miteinander. Die Aufnahme startete mit dem Beginn des Versuchsdurchlaufs. Die Generierung des Triggersignals erfolgte immer bei der Präsentation des ersten Bildes nach der Fixation. Die Totzeit, die sich aus Bildaufbau und Verstärkerzeit für die sakkadenbedingten Potentiale zusammensetzte, betrug ungefähr 5 ms. Diese Zeit wurde bei der Auswertung der Daten abgezogen.

2.2.2 Manuelle Reaktionszeiten

Die manuellen Versuche wurden an einem anderen Versuchsaufbau durchgeführt. Der Reizmonitor (Hitachi CM772, 19 Zoll, Bildausschnitt: 28,8 cm (H) x 21,6 cm (V)) hatte dieselbe räumliche und zeitliche Auflösung wie im vorangegangen Experiment. Die Bildpräsentation erfolgte wieder über das Präsentationsprogramm (Dateiname: Imageshuffle.exe).

Zur Messung der Reaktionszeiten fanden mechanische Druckköpfe Verwendung, die bei gedrücktem Knopf einen Stromkreis schlossen. Beide Druckknöpfe waren verbunden über eine serielle Druckerschnittstelle des Reizrechners (AMD Athlon 2200+, Betriebssystem Windows 98), der zugleich Aufzeichnungsgerät war. Die Daten wurden mit einer Aufnahmerate ca. 150 Hz auf dem Reizrechner aufgenommen. Der Rechner generierte das Triggersignal zeitgleich mit der Präsentation des ersten Bildes nach der Fixation.

Aufgrund des Bildaufbaus und der mechanischen Eigenschaften der Druckknöpfe ergab sich eine Totzeit von 22 ms. Diese Zeit wurde bei der Auswertung aller Daten von allen manuellen Reaktionszeiten berücksichtigt und abgezogen.

2.3 Bildersatz

Im Versuch wurde eine spezielle Bilderdatenbank eingesetzt, die das Institut für Humanbiologie Bremen von Thorpe erhalten hatte. Es handelte sich dabei um 1000 Tierbilder und 1000 Distraktorbilder, die sich auch in kommerziell erhältlichen Datenbanken finden ließen. Ein Teil der Bilder zeigte natürliche Szenen, der andere Teil von Menschen geschaffene Umgebungen. Jedes Bild bestand aus 256 x 384 Pixel und war kodiert in 256 RGB Farben. Auf den Tierbildern waren ein oder mehrere Tiere zu sehen, die entweder in der Mitte des Bildes oder an dessen Rand abgebildet waren. Es war jedoch wahrscheinlicher, dass sich das Tier in der Mitte des Bildes aufhielt (über 90 %). Die Größe der Tiere variierte unabhängig von der abgebildeten Tierart. Unter den Tieren fanden sich Säugetiere, Vögel, Wirbellose, Fisch, Reptilien und Amphibien. Nähere Angaben zur relativen Häufigkeit der Tierklassen können der Abbildung 4 entnommen werden.

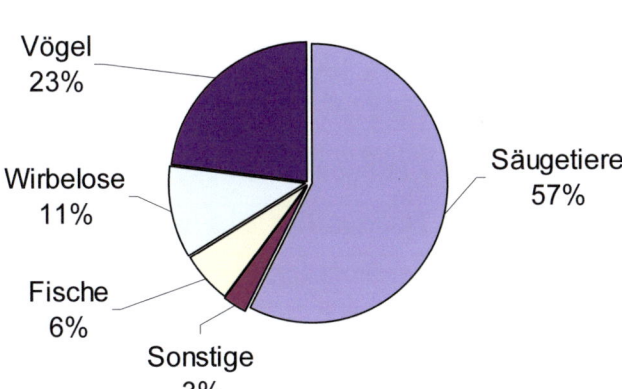

Abb. 4: Anteil der abgebildeten Tierarten. Dargestellt ist die relative Häufigkeit in Prozent der Tierklassen oder des Tierstammes, die in 1000 Tierbildern enthalten waren. Unter den Begriff „Sonstige" fielen 25 Reptilien- und 1 Amphibienbild.

Die Distraktoren waren überwiegend von Menschen geschaffene Umgebungen und enthielten bisweilen tierähnliche Objekte wie etwa die Darstellungen von Tieren durch Skulpturen, Heißluftballons etc. und natürliche Formen die tierähnlichen Charakter haben wie Wurzeln, Seile etc. Einige Beispielbilder befinden sich in Anhang B.

Die Bilder sind darauf untersucht worden, ob sich beide Bildergruppen (Tierbilder und Distraktoren) bezüglich einfacher Eigenschaften unterscheiden lassen (z.B. Leuchtdichte, Leuchtdichteverteilung, Kontrast, Farbzusammensetzung und so weiter). Es finden sich statistische Unterschiede in beiden Gruppen, die laut Thorpe nicht ausreichen, um die Unterscheidbarkeit von Tierbildern und Distraktoren zu erklären [KIRCHNER UND THORPE, 2006].

2.4 Software

Das zur Präsentation eingesetzte Programm „Imageshuffle" ermöglichte es nach vorangegangener Fixationsphase, zwei Bilder nebeneinander darzustellen. Dabei konnte der horizontale Versatz (6,6° Sehwinkel) zum Mittelpunkt des Bildschirms, so wie die Höhe (16,7° Sehwinkel) und die Breite (11,1° Sehwinkel) der Bilder eingestellt werden. Weitere Einstellparameter waren die Dauer der Fixation, die Pause zwischen der Fixation, die Art und Dauer der Bilderpräsentation und die eventuelle Präsentation von Sakkadenzielen. Die konstanten Parameter für die Erhebung sakkadischer und manueller Reaktionszeiten sind in Tabelle 2 beschrieben.

Tabelle 2: Konstante Parameter für sakkadische (manuelle) Messungen

Parameter	Einstellung
Auflösung	640 x 480 Bildpunkte
Bildwiederholungsrate	150 Hz
Paradigma	Tier gegen nicht Tier
Aufgabe	War das Tier links oder rechts?
Anordnung der Bilder	Randomisiert
Anzahl der Distraktoren	Tierbilder gleich Distraktoren
Abstand Auge-Monitor	80 cm (60 cm)
Sakkaden-Ziele (Dauer)	660 ms
Sakkaden-Ziele Abstand	16,7° Sehwinkel (8,4° Sehwinkel bis zur Bildmitte)
Abstand der Bilder zum Fixpunkt	6,6° Sehwinkel
Zeit zwischen Darbietungen	2000 ms
+/- Jitter	500 ms
Fixpunktdurchmesser	12 Bogenminuten

Bei der Aufzeichnung und der Auswertung unterschied sich die verwendete Software und wird ab hier getrennt für sakkadischen und manuellen Reaktionszeiten behandelt.

2.4.1 Software für die sakkadische Reaktionszeiterhebung

Da das Programm „Imageshuffle" im EOG Modus keine Daten aufzeichnete, legte es auch keine Protokolldatei an. Die Aufzeichnung fand auf einem zweiten PC statt. Das hierfür verwendete Programm „DT Measur Foundry 4.0.5.16" war speziell auf die Aufnahme eines doppelten 2 Kanal EOGs ausgelegt. Die aufgenommen Daten wurden direkt auf der Festplatte gespeichert. Dabei handelte es sich um die zeitlichen Verläufe der durch das EOG gemessenen Augenpositionspotentiale.

Die aufgezeichneten Daten wurden mithilfe eines speziell für diese Anwendung im Institut für Humanbiologie Bremen entwickelten MATLab-Skriptes ausgewertet. Das Skript ist in der institutseigenen Softwarebioliothek unter dem Namen „EOG_lr.m" hinterlegt. In der Auswertung wurde der Potentialverlauf für eine Darbietung graphisch dargestellt. Mithilfe der graphischen Darstellung werden der Anfang und die Gültigkeit der einzelnen Sakkade festgestellt. Nach Markierung des Anfangs oder der Ungültigkeit einer Sakkade schaltete das Programm automatisch weiter zur nächsten Darbietung. Waren alle Darbietungen ausgewertet, präsentierte das Programm eine tabellarische Ausgabe der Einzelergebnisse und eine Zusammenfassung der ungültigen Darbietungen, sowie der gültigen Darbietungen, getrennt nach richtigen und falschen Antworten. Mithilfe dieser Tabelle kann eine weitere Auswertung durchgeführt werden.

Im Folgenden wurde das am Ecole de Psychologie an der Universität Laval Quebec Canada entwickelte MATLab-Skripte verwendet, welches den Mittelwert, den Median und eine Ex-Gauss Nährungsfunktion berechnete (LACTOURE, 200x). Die ermittelte Funktion beschrieb die gesamte Reaktionszeitverteilung, so dass sich der Modalwert, die Standartabweichung und ein Exponent τ ergaben. Der Exponent τ beschrieb die Schiefe der Verteilung, die typisch für Reaktionszeitverteilungen war.

2.4.2 Software für die manuelle Reaktionszeiterhebung

Im manuellen Modus zeichnete „Imageshuffle" den Versuchsverlauf in einer eigenen Protokolldatei auf (.dv Datei). Aus der Protokolldatei waren die mittleren Reaktionsgeschwindigkeiten für die einzelnen Antwortarten (z.B. Tier/nicht Tier, links/rechts etc.) und die jeweiligen Prozentkorrektwerte zu entnehmen.

Um weitere Parameter der Verteilungsfunktion für die Reaktionszeiten der richtigen Antworten zu erhalten, wurde das am Institut für Humanbiologie Bremen entwickeltes MATLab-Skript eingesetzt, welches sich auf das in Kanada entwicklete Skript stützt (LACOUTURE, 200x). Das Skript ist ebenfalls in der Institut eigenen Softwarebibliothek unter dem Namen „Imageshuffle.m" hinterlegt. Bei der Entwicklung wurde auf schon bestehende Software zurückgegriffen. Wie im EOG-Versuch wurden der Modalwert, die Standardabweichung und der Exponent τ bestimmt.

2.5 Versuchsinstruktionen für Versuchspersonen

Die Versuchspersonen waren darüber informiert, dass vor der Reizpräsentation eine Fixationsphase kam. Des Weiteren war ihnen bewusst, dass die Erkennbarkeit der Bilder von Durchlauf zu Durchlauf unterschiedlich sein konnte und sie dennoch so schnell und so gut wie möglich antworten sollten. Waren die Versuchspersonen sich nicht sicher, waren sie angehalten, dennoch zu antworten. Die genaue Instruktion findet sich im Anhang C. Im Folgenden werden die Unterschiede in den Instruktionen für den EOG-Versuch und den manuellen Versuch dargelegt.

2.5.1 Instruktionen im EOG-Versuch

Die Versuchspersonen waren im Vorfeld über den genauen Ablauf eines EOGs informiert worden. Im ersten Versuchsdurchgang waren die Versuchspersonen angehalten, auf den Reizbeginn zu reagieren, indem sie eine Sakkade abwechselnd auf das linke und das rechte Sakkadenziel für 100 Darbietungen ausführten.

In allen weiteren Durchläufen sollten die Versuchspersonen bei Reizbeginn so schnell und so sicher wie möglich eine Sakkade auf das Zielbild ausführen und hierzu die Sakkadenziele benutzen.

2.5.2 Instruktionen für manuelle Versuche

Die Versuchspersonen waren gebeten worden, jeweils einen Druckkopf in die linke und einen in die rechte Hand zu nehmen. Im ersten Durchgang (nur im Experiment 2) sollten die Versuchspersonen abwechselnd so schnell wie möglich den linken und den rechten Knopf drücken, wenn der Reiz einsetzte.

Wie im EOG Versuch waren die Versuchspersonen in allen weiteren Durchgängen gebeten, so schnell und so gut wie möglich zu antworten. Sie sollten dabei den linken Knopf drücken, wenn das linke Bild ein Tier enthielt, und den rechten, wenn das rechte ein Tier enthielt. Im Weiteren folgt der manuelle Versuch den Anweisungen für das EOG.

2.6 *Versuchsdesign*

In allen Versuchen gab es eine Fixationsphase, (2000 ms +/- 500 ms) die gefolgt wurde (bei der EOG Wiederholung mit Pause) von der Reizpräsentation. Dabei wurden zwei Bilder ca. 6,6° Sehwinkel links und rechts vom Mittelpunkt gezeigt. Es enthielt entweder das linke oder das rechte Bild den gesuchten Zielreiz (ein Tier). Das Ziel kam auf beiden Seiten mit der gleichen Wahrscheinlichkeit vor. Je nach Versuchsdesign in den einzelnen Experimenten konnte sich die Dauer und Art der Präsentation unterscheiden.

2.6.1 Experiment 1: Erkennbarkeit und Reaktionszeiten bei Reduktion der präsentierten Bildinformation

[0]Es gab für Experiment 1 fünf Bedingungen, in denen jeweils unterschiedlich viel der Bildinformation in der Reizpräsentation erhalten blieb (siehe Abb. 5).

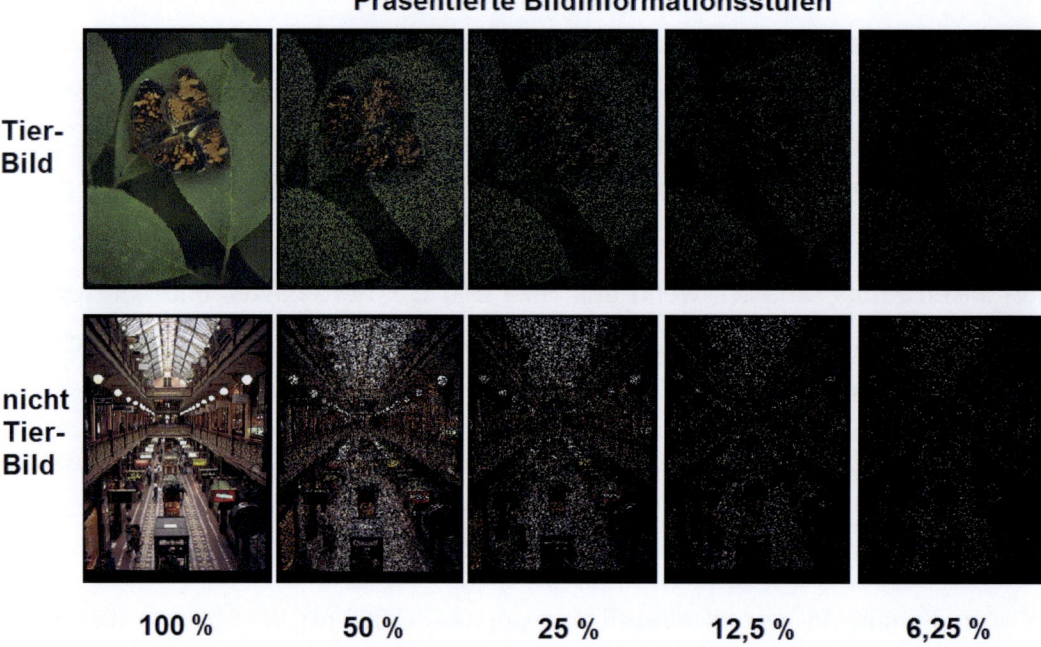

Abb. 5: Dargestellt sind die entsprechend des Versuchsparadigmen von Experiment 1 in ihrer Bildinformation (100 %, 50 %, 25 %, 12,5 % und 6,25 %) reduzierten Bilder.

Eine Übersicht über den Anteil der Bildinformation und den Aufteilungsgrad befindet sich in Tabelle 3. Im Falle der Bedingung 2 bestand für einen beliebigen Bildpunkt in beiden Bilder die Wahrscheinlichkeit von 50 %, das er nicht gezeigt wurde. Sowohl das Tierbild als auch das Distraktorbild enthielten somit nur 50 % der ursprünglich vorhandenen Bildpunkte.

Tabelle 3: Bedingungen für das erste Experiment

Bedingung	1	2	3	4	5
Bildinformation	100%	50%	25%	12,5%	6,25%
Aufteilungsgrad	1	2	4	8	16

Nach der Reizpräsentation wurde bis zur Antwort der Versuchsperson ein dunkler Bildschirm gezeigt (siehe Abb. 6). Danach startete die nächste Darbietung mit der Fixation. Insgesamt enthielt jeder Durchgang 100 Darbietungen und jede Bedingung wiederholte sich dreimal. Dies führt zu 300 Darbietungen pro Bedingung und zu 1500 Darbietungen pro Versuchsperson. Die Reihenfolge der Bedingungen war für jede Versuchsperson randomisiert.

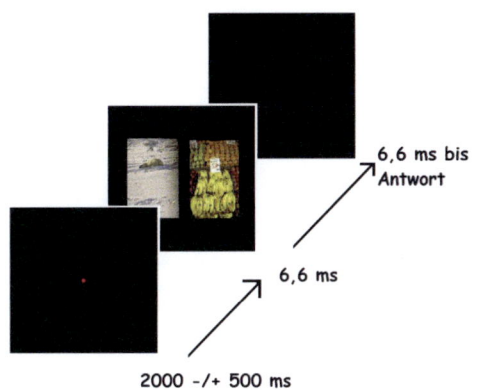

Abb. 6: Manuelle Reaktionszeit Aufgabe. Nach einer Fixationsphase, die zufällig verteilt 2000 ± 500 ms dauerte, wurden zwei natürliche Szenen in der rechten und linken Gesichtshälfte gezeigt (für eine Dauer von 6,6 ms). Es folgte ein dunkler Bildschirm bis zur Antwort.

2.6.2 Experiment 2: Erkennbarkeit und Reaktionszeiten bei Reduktion und Aufteilung der Bildinformation

Es gab für Experiment 2 zehn Bedingungen (2x5) (siehe Tabelle 4), in denen der gezeigte Bildanteil reduziert und auf einen bzw. mehreren Frames aufgeteilt war.

Tabelle 4: Bedingungen für das zweite Experiment

	50% Bildanteil bzw. 10% Bildanteil				
Bedingung	1	2	3	4	5
Aufgeteilt auf [n] Frames	1	2	3	5	15

Im Falle der Aufteilung auf drei Frames (siehe Abb. 7) bestand für einen beliebigen verbliebenen Bildpunkt (10% Bildanteil bzw. 50% Bildanteil) in den Bildern die Wahrscheinlichkeit von 33,3%, dass er im ersten, im zweiten oder im dritten Frame gezeigt wurde. Ein Bildpunkt konnte immer nur in einem Frame vorkommen und wurde dann nicht in einem folgenden Frame wiederholt.

Präsentierte Bildinformationsstufen für die Aufteilung auf drei Frames

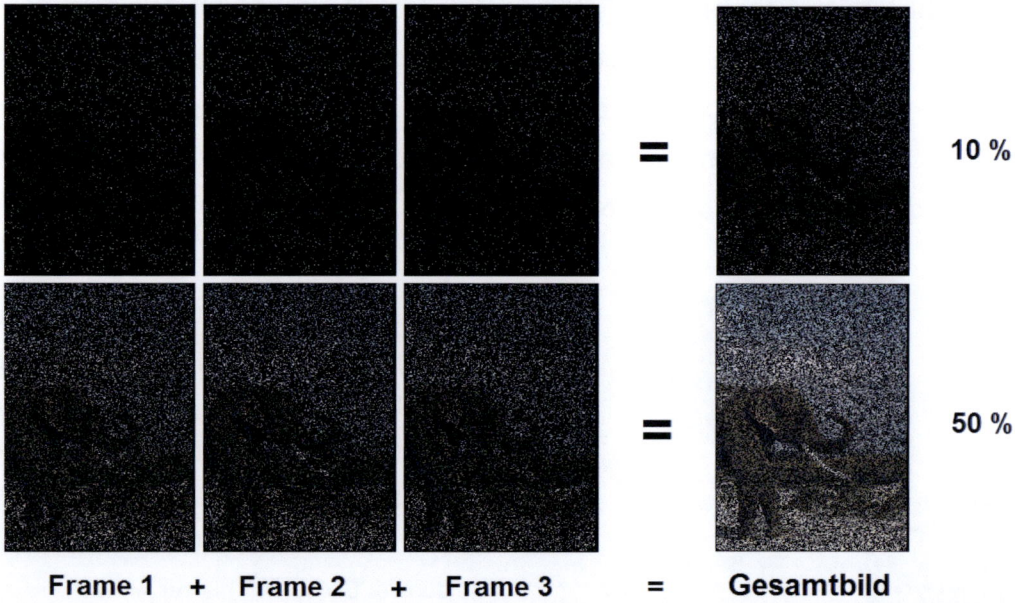

Abb. 7: Dargestellt sind die entsprechend des Versuchsparadigmen von Experiment zwei in ihrer Bildinformation (50 % und 10 %) reduzierten und auf drei Frames aufgeteilten Bilder. So wie Darstellung des entstehenden Gesamtbildes, wenn die Intensitäten aller drei Frames addiert werden.

Im Falle des EOG Experiments schloss sich der oben beschrieben Reiz an und wurde gefolgt von einer 660 ms langen Präsentation der Sakkadenziele. Danach startete die nächste Darbietung mit der Fixation (siehe Abb. 8).

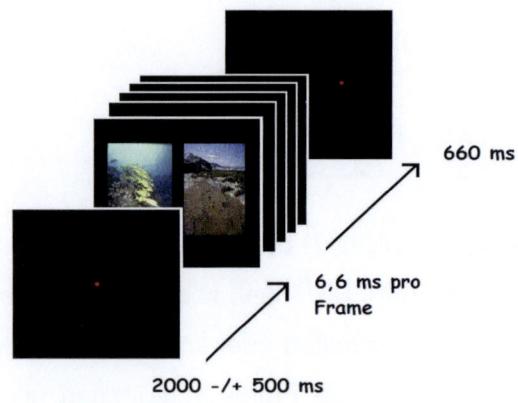

Abb. 8: Sakkadische Reaktions-Zeiten. Nach einer Fixationsphase die zufällig verteilt 2000 ± 500 ms dauerte, wurden zwei natürliche Szenen in der rechten und linken Gesichtshälfte auf verschiedene Frames verteilt gezeigt. Der einzelne Frame hatte eine Dauer von 6,6 ms. Darauf folgte ein dunkler Bildschirm mit Sakkadenzielen (zwei rote Punkte).

In der EOG Wiederholung verschwand der Fixierpunkt 220 ms vor der eigentlichen Reizpräsentation. Der Zeitpunkt des Verschwindens vom Fixierpunkt steht im Einklang mit Thorpes Versuch, wo dieser ca. 200 ms vor Reizbeginn verschwand [KIRCHNER UND THORPE, 2006]. Dies sollte es der Versuchsperson ermöglichen, die Augen schneller von der Fixation zu lösen und sie somit zu kürzeren Reaktionszeiten befähigen. Beide EOG Experimente enthielten pro Durchgang 100 Darbietungen und jede Bedingung kam nur einmal vor. In den 10 Bedingungen ergab dies 1000 Darbietungen pro Versuchsperson. Die Reihenfolge der Bedingungen war für jede Versuchsperson randomisiert.

Die manuelle Erfassung der Reaktionszeiten gleicht im Wesentlichen dem ersten EOG Experiment. Hier präsentierte das Programm keine Sakkadenziele, sondern lediglich einen homogen dunklen Bildschirm. Der Bildschirm blieb solange dunkel bis eine Antwort erfolgte, jedoch mindestens für 6,6 ms. Im Gegensatz zum EOG-Experiment wurde jeder Durchgang zweimal wiederholt, so dass sich 200 Darbietungen pro Durchgang und insgesamt 2000 Darbietungen ergaben. Die Reihenfolge der Bedingungen war für jede Versuchsperson randomisiert.

Sowohl für die EOG Experimente als auch für die manuelle Erfassung wurde ein zusätzlicher Durchlauf durchgeführt, in dem der Reiz durch zwei isoluminate Bilder ersetzt wurden. Diese Bilder zeigte das Programm lediglich für 6,6 ms und präsentierte darauf entweder die Sakkadenziele (sakkadische Reaktionszeiten) oder einen dunklen Bildschirm (manuelle Reaktionszeiten).

2.6.3 Experiment 3: Erkennbarkeit und Reaktionszeiten bei Aufteilung der Bildinformation entsprechend der Leuchtdichte

In Experiment 3 wurden sechs verschiedene Bedingungen durchgeführt. Die Aufteilung der Pixel innerhalb der Bilder erfolgte nicht mehr zufällig auf verschiedene Frames, sondern entsprechend ihrer Leuchtdichte. Dazu wurde das Leuchtdichtespektrum der Bilder in acht gleich große Bereiche aufgeteilt. Jeder Pixel hatte somit einen Leuchtdichtewert, der einem dieser acht Intervalle entsprach. Die Pixel wurden entsprechend ihrer Intervalle auf verschiedene Frames aufgeteilt. In der Dunkel-Nach-Hell-Bedingung (DHF) waren die dunkelsten Pixel im ersten Frame zu sehen, die Pixel der nächsten Leuchtdichtestufe im folgenden Frame und so weiter, bis im achten Frame die hellsten Pixel zu sehen waren. Jeder Pixel wurde nur einmal dargestellt. In der Hell-Nach-Dunkel-Bedingung (HDF) war die Reihenfolge innerhalb der Präsentation umgekehrt.

In einem zweiten Ansatz wurden die Pixel immer noch entsprechend ihrer Leuchtdichtestufe aufgeteilt und in derselben Richtung (Hell nach Dunkel HDS; Dunkel nach Hell DHS) gezeigt, jedoch erfolgte die Darstellung aller Pixel mit der identischen Leuchtdichte und Farbwert. Die eigentliche Leuchtdichte- und Farbinformation wurden eliminiert und stattdessen in eine zeitliche Präsentationsabfolge umgesetzt. Alle Bilder überlagert, ergaben nicht mehr das Originalbild, sondern eine isoluminate weiße Fläche (siehe Abb. 9).

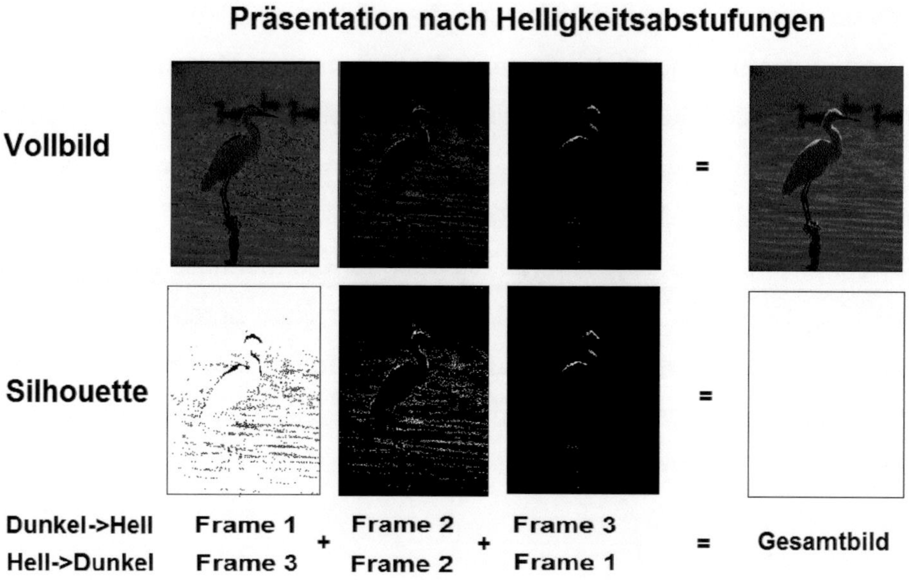

Abb. 9: Dargestellt ist die Präsentation nach Helligkeitsstufen für Aufteilung in drei Frames für die Vollbildbedingungen (DHF und HDF) und für die Silhouettenbedingungen (HDS und DHS). Zu erkennen ist, wenn die drei Frames addiert werden, dass sich für die Silhouettenbedingung ein weißes Bild ergibt. Hingegen bei der Vollbildbedingung entsteht das Originalbild.

Zur Kontrolle, und um die Ergebnisse besser einordnen zu können, folgten weitere Durchgänge, in denen Leuchtdichte und Kontrast der Bilder reduziert wurden. Für den ersten Ansatz bestand die Kontrolle aus den normalen Farbbildern (F), die um 43,3 % bezüglich ihrer Leuchtdichte und auf Kontrast von 12,5 % reduziert waren. Im zweiten Ansatz konvertierte das Programm die 256 Farbwerte der Bilder in 256 Graustufenwerte, die dann analog zur ersten Kontrolle um 43,5 % ihrer Leuchtdichte und auf einen Kontrast von 12,5 % reduziert waren (siehe Tabelle 5).

Tabelle 5: Bedingungen für das dritte Experiment

Bedingung	Präsentationsweise	von …	nach…	Abkürzung
1	Farbbild	Hell	Dunkel	HDF
2	Farbbild	Dunkel	Hell	DHF
3	red. Farbbild	-		F
4	Silhouette	Hell	Dunkel	HDS
5	Silhouette	Dunkel	Hell	DHS
6	red. schwarzweiß Bild	-		S

Jede Bedingung bestand aus drei Durchgängen bestehend aus jeweils 100 Darbietungen. Pro Durchgang ergab dies 300 Darbietungen und insgesamt in allen Durchgängen 1800 Darbietungen. Der Aufbau der einzelnen Darbietungen ist der Abb. 5 zu entnehmen. Die Reihenfolge der Darbietungen war für jede Versuchsperson unterschiedlich und zwischen den Versuchspersonen randomisiert.

2.6.4 Experiment 4: Erkennbarkeit und Reaktionszeiten bei Aufteilung der Bildinformation entsprechend der Leuchtdichte in diskreten Stufen (Graustufen)

In Experiment 4 gab es drei Bedingungen. Gleich Experiment 3 teilte das Programm die Pixel in acht Leuchtdichtestufen ein und zeigte die Pixel von Hell nach Dunkel bzw. von Dunkel nach Hell. Die Leuchtdichte einer Pixelgruppe entsprach der durchschnittlichen Leuchtdichtemitte der eingeteilten Bereiche. So entstanden acht diskrete graue Leuchtdichtestufen. Als Kontrolle diente eine zusätzliche Bedingung, in der die Pixel zufällig auf die acht Frames verteilt waren. Das Programm konvertierte außerdem die Pixel von Farbwerten zu 256 Graustufen. Jede der drei Bedingungen bestand aus drei Durchgängen mit jeweils 100 Darbietungen. Insgesamt beantwortete jede Versuchsperson 900 Darbietungen.

2.6.5 Experiment 5: Erkennbarkeit und Reaktionszeiten bei Aufteilung der Bildinformation auf verschieden große Schachbrettfelder

Für die zwei Bedingungen in Experiment 5 verteilte das Programm die Bildinformation auf acht Frames. Anstelle einzelner Pixel, die zufällig aufgeteilt wurden, fasste das Programm die Pixel entsprechend einem Schachbrettmuster mit einzelnen Elementen (Quadraten) zusammen (siehe Abb. 10).

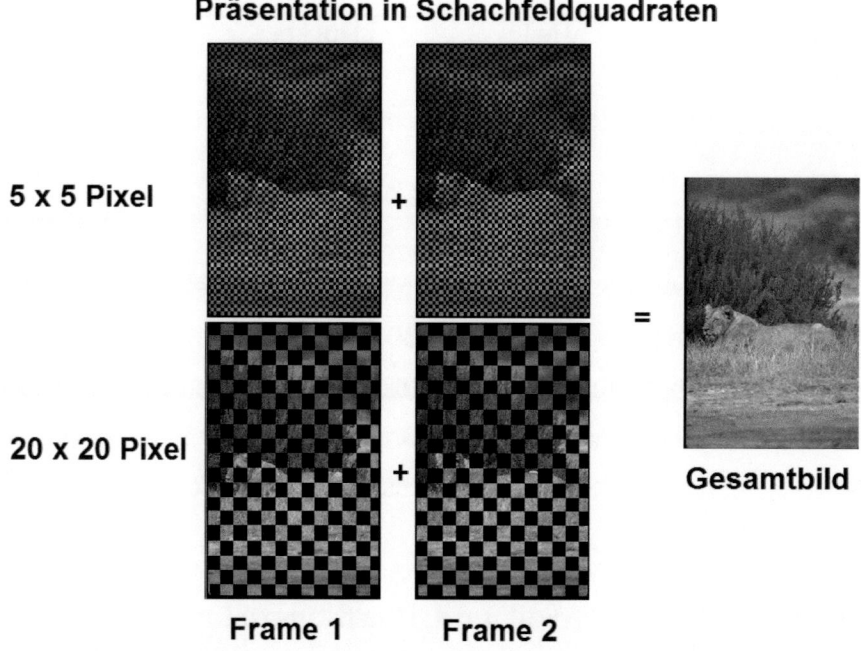

Abb. 10: Dargestellt ist die Aufteilung der Präsentation auf zwei Frames in Schachfeldquadraten für die 5 x 5 Pixelbedingung und 20 x 20 Bildpunktbedingung. Alle Quadrate einer Bedingung zusammengefasst ergibt wieder das Gesamtbild.

Jedes einzelne Quadrat hatte in der ersten Bedingung eine Kantenlänge von 5 Pixel (5 x 5 Pixel = 25 Pixel) und in der zweiten Bedingung eine Kantenlänge von 20 Pixel (20 x 20 Pixel = 400 Pixel). Die einzelnen Quadrate teilten sich auf die einzelnen Frames auf, so dass jedes Quadrat nur in einem Frame zu sehen war. Zusätzlich konvertierte das Programm die Farbwerte in 256 Graustufen. Jede der beiden Bedingungen bestand aus drei Durchgängen mit jeweils 100 Darbietungen. Insgesamt gab es 600 Darbietungen pro Versuchsperson.

3. Ergebnisse

Für die Betrachtung der Ergebnisse war der Modalwert der Verteilungsfunktionen der einzelnen Messungen von Interesse. Dieser stellt den Schwerpunkt der frühen Antworten dar und sollte am ehesten Aufschluss darüber geben, ob und in wie fern die schnelle Verarbeitung betroffen durch die Aufteilung der Bildinformation auf mehrere Frames war. Die in der Einleitung erwähnte und Anhang A beschriebene Ex-Gauss-Funktion lieferte den Modalwert sowie die Standardabweichung und eine weitere Größe τ. Außerdem bestimmte das Auswerteprogramm den Mittelwert, sowie den Median der Reaktionszeitverteilung.

Die Ergebnisse jeder Bedingung wurden für jede einzelne Versuchsperson gemittelt. Im Folgenden werden nur die gemittelten Werte aller Versuchspersonen mit der jeweiligen Standardabweichung der Modalwerte angegeben. Innerhalb der Abbildungen hingegen ist der jeweilige Modalwert aufgetragen mit dazugehörigem Standardfehler (S.E.M. engl.: Standard Error of the Mean).

Die statistische Auswertung der Ergebnisse wurde, je nach Experiment mit einem gepaarten *t*-Test oder einer einfaktoriellen ANOVA (ANOVA engl.: Analysis of Variances between groups) mit Messwiederholungen, mittels der Statistiksoftware SPSS (SPSS, statistical Software: Version 15.0 für Windows) durchgeführt. Die Nullhypothese wurde abgelehnt, wenn die Irrtumswahrscheinlichkeit von $p<0,05$ unterschritten wurde. Bei mehrfacher *t*-Test Anwendung innerhalb einer Analyse wurde das Alpha-Niveau der Irrtumswahrscheinlichkeit entsprechend der Bonferroni-Korrektur abgesenkt. Die Tabellen mit allen berechneten Größen und die Tabellen der statistischen Analysen befinden sich im Anhang D.

3.1 Experiment 1: Auswirkung auf die Erkennbarkeit und Reaktionszeiten bei Reduktion der präsentierten Bildinformation

In der einfachsten Bedingung, in der 100 % der Bildinformation in einem Frame gezeigt worden war, identifizierten die Versuchspersonen im Durchschnitt in 93,5 % (SD=3,0) das Tierbild richtig. Die beste Versuchsperson erkannte sogar in ca. 97 % der Fälle das richtige Bild, die schlechteste Versuchsperson immer noch in ca. 89 %.

Ist die Bildinformation um 50 % reduziert, so erkannten die Versuchspersonen das richtige Bild in 93,5 % (SD=2,5) der Fälle. Der besten Versuchsperson gelang dies bei ca. 97 % der Darbietungen und der schlechtesten in ca. 90 % der Fälle. Versuchspersonen erkannten das richtige Bild tendenziell schlechter, wenn nur noch 25 % der Bildinformation zu sehen war, anstatt der 100 % bzw. 50 % Bedingung (t-Test einseitig (α=0,005); $t_{(6)}$=3,60, p=0,006 und $t_{(6)}$=3,56, p=0,006). In durchschnittlich 89,2 % (SD=4,4) der Darbietungen waren die Versuchspersonen erfolgreich. Die beste Versuchsperson erreichte noch einen Wert von ca. 95 % und die schlechteste von ca. 80 %.

Weitere Reduktion der Bildinformation (auf 12,5 %) führte zu einem Absinken der durchschnittlichen Leistung auf 83,5 % (SD=3,8) die signifikant schlechter war als die Leistung bei 100 %, 50 % und 25 % (t-Test einseitig (α=0,005); $t_{(6)}$=11,46, p=0,000, $t_{(6)}$=9,33, p=0,000 und $t_{(6)}$=5.62, p=0,001). Die beste erzielte Leistung lag hier ca. 88 % bei und die schlechteste bei ca. 76 %.

Wenn nur noch 6,25 % der Bildinformation dargestellt waren, betrug die durchschnittliche Fähigkeit, das richtige Bild zu erkennen, nur noch 74,5 % (SD=4,9). Die beste Leistung lag bei ca. 82 % und die schlechteste Versuchsperson erreichte noch 67 % richtige Antworten (siehe Abb. 11). Die geringste Bildinformation führt somit zu einer starken Verschlechterung der Wahrnehmbarkeit der Tiere gegenüber den anderen Versuchsbedingungen (t-Test einseitig (α=0.005); $t_{(6)}$=12,29, p=0,000, $t_{(6)}$=12,68, p=0,000, $t_{(6)}$=12,65, p=0,000 und $t_{(6)}$=8,05, p=0,000).

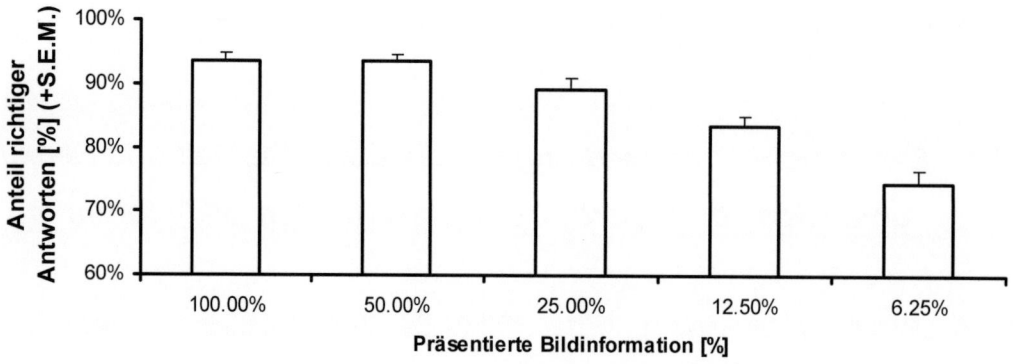

Abb. 11: Auswirkung der dargestellten Bildinformation auf den Mittelwert mit Standardfehler (S.E.M.) der richtigen Antworten bei sieben Versuchspersonen.

Die Reaktionszeiten nahmen mit zunehmender Schwierigkeit der Versuchsbedingungen zu. Dabei lag in der einfachsten Bedingung, in der die gesamten Szenarien zu sehen waren, der durchschnittliche Modalwert der Reaktionszeiten bei 360,0 ms (SD=34,8). Die schnellste Versuchsperson lag bei 318 ms und die Versuchsperson mit der längsten Reaktionszeit bei 425 ms. In der 50 % Bedingung betrug der durchschnittliche Modalwert der Reaktionszeiten von 359,0 ms (SD=36,0). Waren nur noch 25 % Bildinformation dargestellt, erreichten die Versuchspersonen noch eine mittlere Zeit von 369,5 ms (SD=33,8). Schließlich waren sie bei 12,5 % Bildinformation deutlich langsamer als in der 50% Bedingung mit einen mittleren Modalwert von 378,1 ms (SD=40,3) (t-Wert einseitig (α=0,005): $t_{(6)}$=4,577, p=0,002). In der letzten Bedingung waren die Reaktionszeiten stark verlangsamt (402,4 ms (SD=41,5)) gegenüber den anderen Bedingungen (t-Test einseitig (α=0,005): $t_{(6)}$=5,27, p=0,001, $t_{(6)}$=5,99, p=0,001, $t_{(6)}$=4,25, p=0,003 und $t_{(6)}$=4,31, p=0,000) (siehe Abb. 12). Die besten Leistungen verschlechterten sich dabei von 332 ms auf 335 ms, gefolgt von 344 ms und schließlich auf 361 ms. Vergleichbar entwickelten sich die schlechtesten Leistungen: 442 ms, 425 ms, 440 ms und 462 ms. Eine zusätzlich durchgeführte ANOVA, zeigt einen Unterschied zwischen der Gruppe 1 (100 %, 50 % und 25 % Bedingung) und der Gruppe 2 (12,5 % und 6,25 % Bedingung) (ANOVA einfaktoriell (α=0,05): $F_{(1,31)}$=5,02, p=0,032).

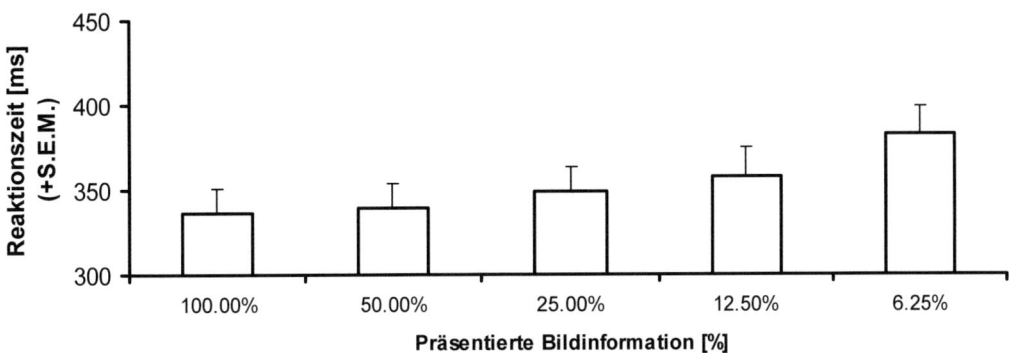

Abb. 12: Manuelle Reaktionszeit in Abhängigkeit von der dargestellten Bildinformation bei sieben Versuchspersonen. Aufgetragen ist der Mittelwert der Modalwerte mit Standardfehler (S.E.M.) der Reaktionszeiten.

Ein Vergleich von Reaktionszeiten und Anteil richtiger Antworten in den einzelnen Bedingungen zeigte einen linearen Zusammenhang zwischen diesen beiden. Mit sinkender Leistung steigt die durchschnittliche Reaktionszeit an (siehe Abb. 13).

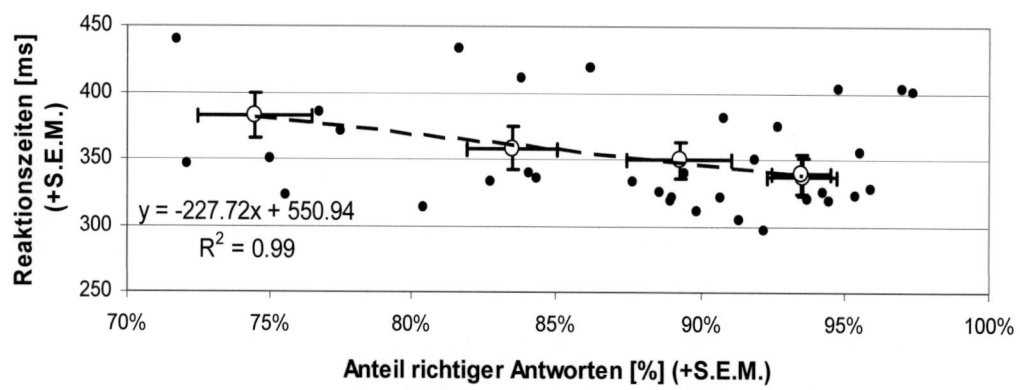

Abb. 13: Die gefüllten Kreise sind die gemessenen einzelnen Modalwerte aufgetragen gegen den jeweiligen Prozentkorrektwert. Die nicht gefüllten Kreise sind die Mittelwerte mit Standardfehler (S.E.M.) der Modalwerte einer Bedingung aufgetragen gegen den jeweiligen Mittelwert mit Standardfehler (S.E.M.) der richtigen Antworten der sieben Versuchspersonen. Ein linearer Zusammenhang ist durch die gestrichelte Trendlinie dargestellt. Die Angaben zur Bestimmtheit beziehen sich ausschließlich auf die Mittelwerte.

3.2 Experiment 2: Auswirkung auf die Erkennbarkeit und Reaktionszeiten (sakkadische und manuelle) bei Reduktion und Aufteilung der Bildinformation

In der Auswertung der einfachen Reaktionszeiterhebung für die sakkadischen Reaktionszeiten ist eine der zehn Probanden nicht berücksichtigt. Die Daten von Versuchsperson 11 konnten aufgrund von Messproblemen nicht aufgenommen werden. Der Durchschnitt lag bei den verbleibenden neun Versuchspersonen bei 172,5 ms (SD=22,5). Der geringste Modalwert (VP6) lag bei 136 ms und der höchste (VP 7) bei 207 ms (siehe Abb. 14).

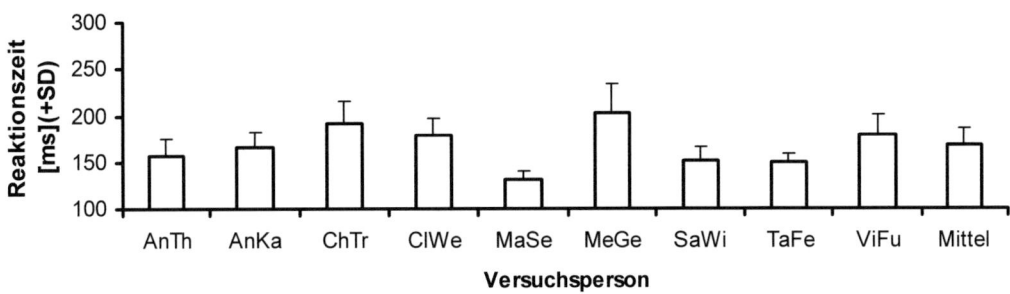

Abb. 14: Sakkadische Reaktionszeiten. Aufgetragen sind die sakkadischen Reaktionszeiten (Modalwert) mit Standardabweichung (SD) aus dem EOG Experiment für die einzelnen Versuchspersonen, zusätzlich der Mittelwert mit Standardabweichung (SD) der Modalwerte und die Standardabweichungen für die einzelnen Versuchspersonen.

In der Wiederholung der sakkadischen Reaktionszeiten, in der zusätzlich eine Pause enthalten war, verkürzten sich die Reaktionszeiten. Die sieben Versuchspersonen erreichten im Mittel einen Modalwert von 139,1 ms (SD=15,6). Die schnellste Versuchsperson war dieses mal Versuchsperson 7 mit einem Modalwert von lediglich 101 ms und die langsamste (VP3) erreichte einen Wert von 155 ms und lag damit immer noch unter dem Mittelwert der vorangegangen sakkadischen Reaktionszeitmessung (siehe Abb. 15).

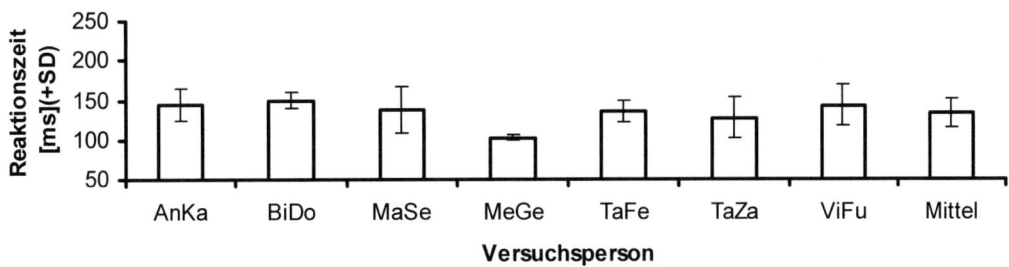

Abb. 15: Sakkadische Reaktionszeiten. Aufgetragen sind die Mittelwerte der sakkadischen Reaktionszeiten (Modalwert) mit Standardabweichung (SD) aus der Wiederholung für die einzelnen Versuchspersonen, zusätzlich der Mittelwert dieser Modalwerte mit Standardabweichung.

Die durchschnittliche Reaktionszeit in der manuellen Reaktionszeiten der zehn Versuchspersonen lag bei 185,5 ms (SD=21,8). Die schnellsten Reaktionszeiten erreichte hier die Versuchsperson 2 mit einem mittleren Modalwert von 168 ms und die langsamste Versuchsperson war die Versuchsperson 11 mit einem Modalwert von 242 ms (siehe Abb. 16). Selbst die schnellste Einzelleistung der manuellen Reaktionszeiten (168 ms) reicht nicht an die langsamste Einzelleistung der sakkadischen Reaktionszeitenmessung mit Pause (155 ms) heran. Versuchsperson 11 zeigte die deutlichste Differenz zwischen den einfachen manuellen und den sakkadischen Reaktionszeiten (Wiederholung) von mehr als 140 ms.

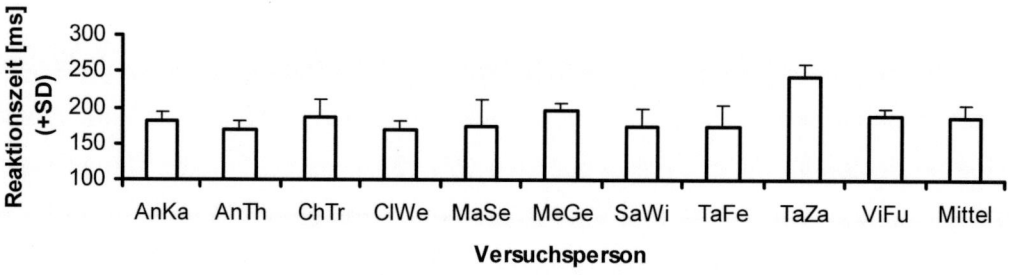

Abb. 16: Manuelle Reaktionszeiten. Aufgetragen sind die manuellen Reaktionszeiten (Modalwert) aus der EOG Wiederholung für die einzelnen Versuchspersonen, die an dem Versuch teilgenommen haben, zusätzlich der Mittelwert dieser Modalwerte und die Standardabweichungen für die einzelnen Versuchspersonen. Der Mittelwert ist angeben mit der Standardabweichung der Modalwerte.

Die gemittelten Reaktionszeitverteilungen für die einfachen Reaktionszeiten unterscheiden sich für die einzelnen Methoden. So ist die Reaktionszeitverteilung für manuelle und für die sakkadische Reaktionszeiten stärker rechtschief als für die sakkadische Reaktionszeit Wiederholung. Ein Vergleich zwischen den verschiedenen Dichtefunktionen kann der Abbildung 17 entnommen werden.

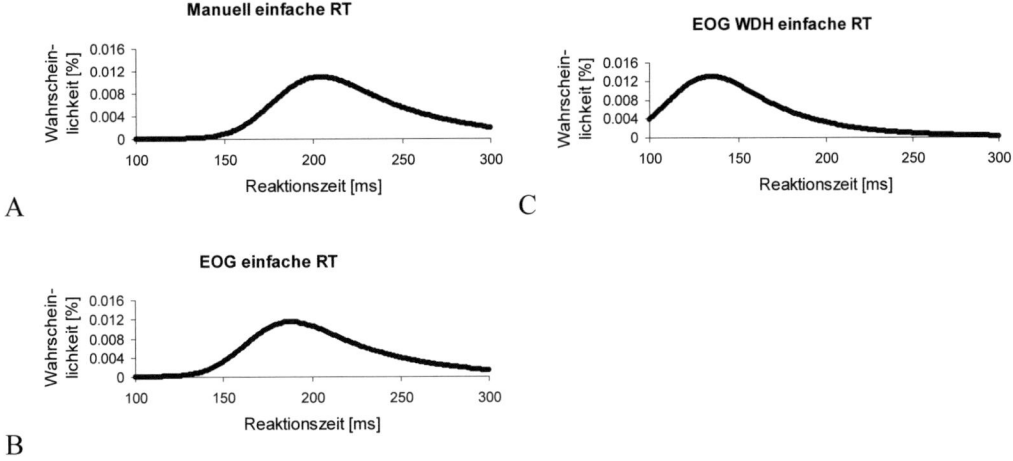

Abb. 17: Dargestellt sind die gemittelten Dichtefunktionen der einfachen Reaktionszeiten. Manuelle [A] und EOG [B] sind relativ zueinander versetzt und vergleichbar rechtsschief. Die EOG Wiederholung [C] ist weniger rechtsschief.

Die Ergebnisse innerhalb eines Messparadigmas werden nun getrennt für die einzelnen Messungen dargestellt. Dabei erfolgt die Darstellung der Einzelergebnisse, sowie statistische Zusammenhänge im Text.

3.2.1 Sakkadische Reaktionszeiten

Wenn nur 50 % Bildinformation gezeigt wurden, lag der Anteil richtiger Antworten für die Bilder in der Bedingung 1 im Mittel bei 91,5 % (SD=4,1). In der Bedingung 2 erreichten die Versuchspersonen im Mittel 90,2 % (SD=5,0) richtige Antworten, in der Bedingung 3 91,3 % (SD=2,9), in der Bedingung 4 87,7 % (SD=6,0) und in der Bedingung 5 87,4 % (SD=5,2). Die Bedingungen 4 und 5 war die Erkennbarkeit schlechter als in den anderen Bedingungen (ANOVA einfaktoriell (α=0,05): $F_{(1,48)}$=7,64, p=0,008).

Bei 10 % Bildinformation waren die Leistung der Versuchspersonen für alle Bedingungen schlechter als bei 50 % Bildinformation (t-Test einseitig (α=0,01): Bedingung 1 $t_{(9)}$=5,62, p=0,000, Bedingung 2 $t_{(9)}$=7,72, p=0,000, Bedingung 3 $t_{(9)}$=6,81, p=0000, Bedingung 4 $t_{(9)}$=8,03, p=0,000 und Bedingung 5 $t_{(9)}$=8,56, p=0,000).

In der Bedingung 1 bei 10% Bildinformation erreichten die Versuchspersonen 72,3 % (SD=10,4). In der Bedingung 2 lag die Leistung bei 75,2 % (SD=5,9), in der Bedingung 3 bei 71,7 % (SD=7,6), in der Bedingung 4 erreichten sie 71,7 % (SD=6,3) und in der Bedingung 5 68,2 % (SD=6,7) bei den richtigen Antworten (siehe Abb. 18). Abgesehen davon, dass die Bedingung 2 weniger mit falschen Antworten belastet war als die Bedingung 5 (*t*-Test einseitig (α=0,005): $t_{(9)}$=3,68, *p*=0,003), gab es keine statistischen Unterschiede zwischen den gemessenen Werten.

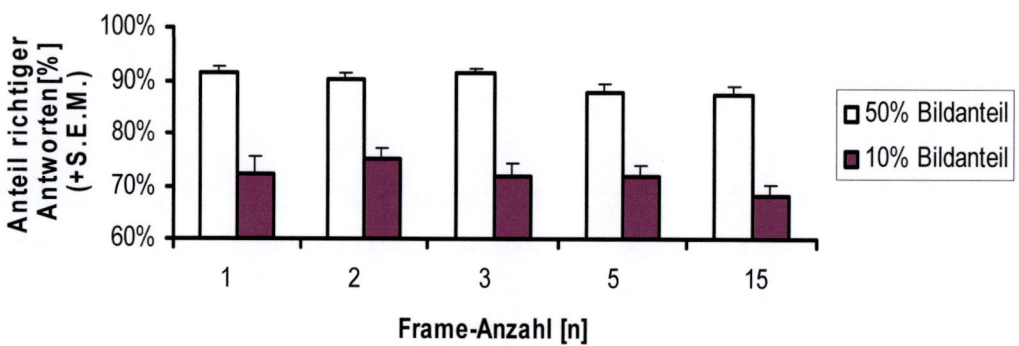

Abb. 18: Sakkadische Antworten. Aufgetragen ist der Mittelwert mit Standardfehler (S.E.M.) des Anteils richtiger Antworten in Abhängigkeit von der Frame-Anzahl für die 50 % (weiß) und die 10 % Bedingung (rot).

Die sakkadischen Reaktionszeiten der Versuchspersonen erreichten bei 50 % Bildinformation einen mittleren Modalwert von 263,3 ms (SD=32,2) in der Bedingung 1, in der Bedingung 2 248,0 ms (SD=34,5), in der Bedingung 3 269,2 ms (SD=29,4), in der Bedingung 4 259,8 ms (SD=35,6) und der Bedingung 5 280,2 ms (SD=36,6) (siehe Abb. 19). Der mittlere Modalwert der Bedingung 2 war kleiner als die mittleren Werte der Bedingungen 3 und 5 (*t*-Test einseitig (α=0,005): $t_{(9)}$=3,47, *p*=0,004 und $t_{(9)}$=3,59, *p*=0,003).

Erfolgte die Präsentation mit 10 % Bildinformation erreichten die Versuchspersonen in der Bedingung 1 eine mittlere Reaktionszeit von 274,5 ms (SD=32,0), in der Bedingung 2 294,1 ms (SD=36,5), in der Bedingung 3 295,0 ms (SD=35,9), in der Bedingung 4 279,4 ms (SD=31,0) und in Bedingung 5 323,7 ms (SD=39,5). Die

Reaktionszeiten in der Bedingung 15 waren größer als die in den Bedingungen 1 und 5 (t-Test (α=0,005): $t_{(9)}$=6,97, p=0,000 und $t_{(9)}$=5,048, p=0,001). Eine ANOVA zeigt, dass sich in der Bedingung 5 die Reaktionszeiten in Vergleich mit den anderen Bedingungen verlängert haben (ANOVA einfaktoriell (α=0,01): $F_{(1,48)}$=9,45, p=0,003).

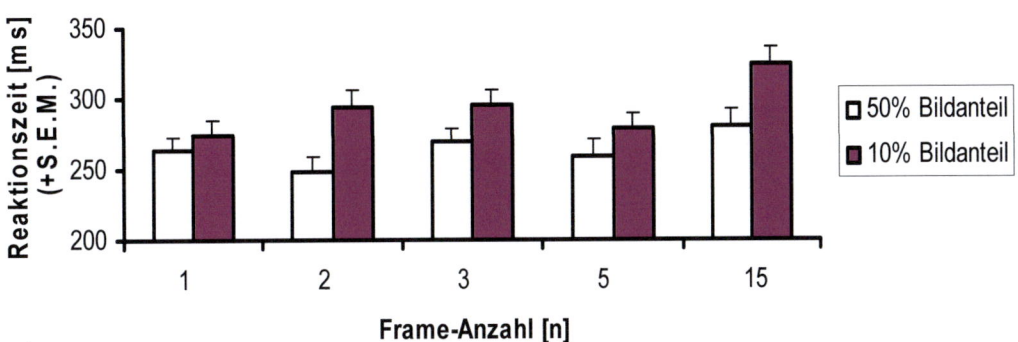

Abb. 19: Sakkadische Reaktionszeiten. Aufgetragen sind die Mittelwerte mit Standardfehler (S.E.M.) der Modalwerte der Reaktionszeiten in Abhängigkeit von der Frame-Anzahl für die 50 % (weiß) und die 10 % Bedingung (rot).

In den Bedingungen 2, 3 und 5 waren die Versuchspersonen schneller, wenn 50 % Bildinformation zur Verfügung als wenn 10 % Bildinformation zur Verfügung standen (t-Test einseitig (α=0,01): $t_{(9)}$=2,99, p=0,008, $t_{(9)}$=3,756, p=0,003 und $t_{(9)}$=3,203, p=0,006).

Ein Vergleich zwischen den verschiedenen gemittelten Dichtefunktionen der sakkadischen Reaktionszeiten zeigt, dass sich die Verteilungen mit zunehmender Aufteilung abflachen. Die Schiefe nimmt dabei leicht zu. Näheres kann der Abbildung 20 entnommen werden.

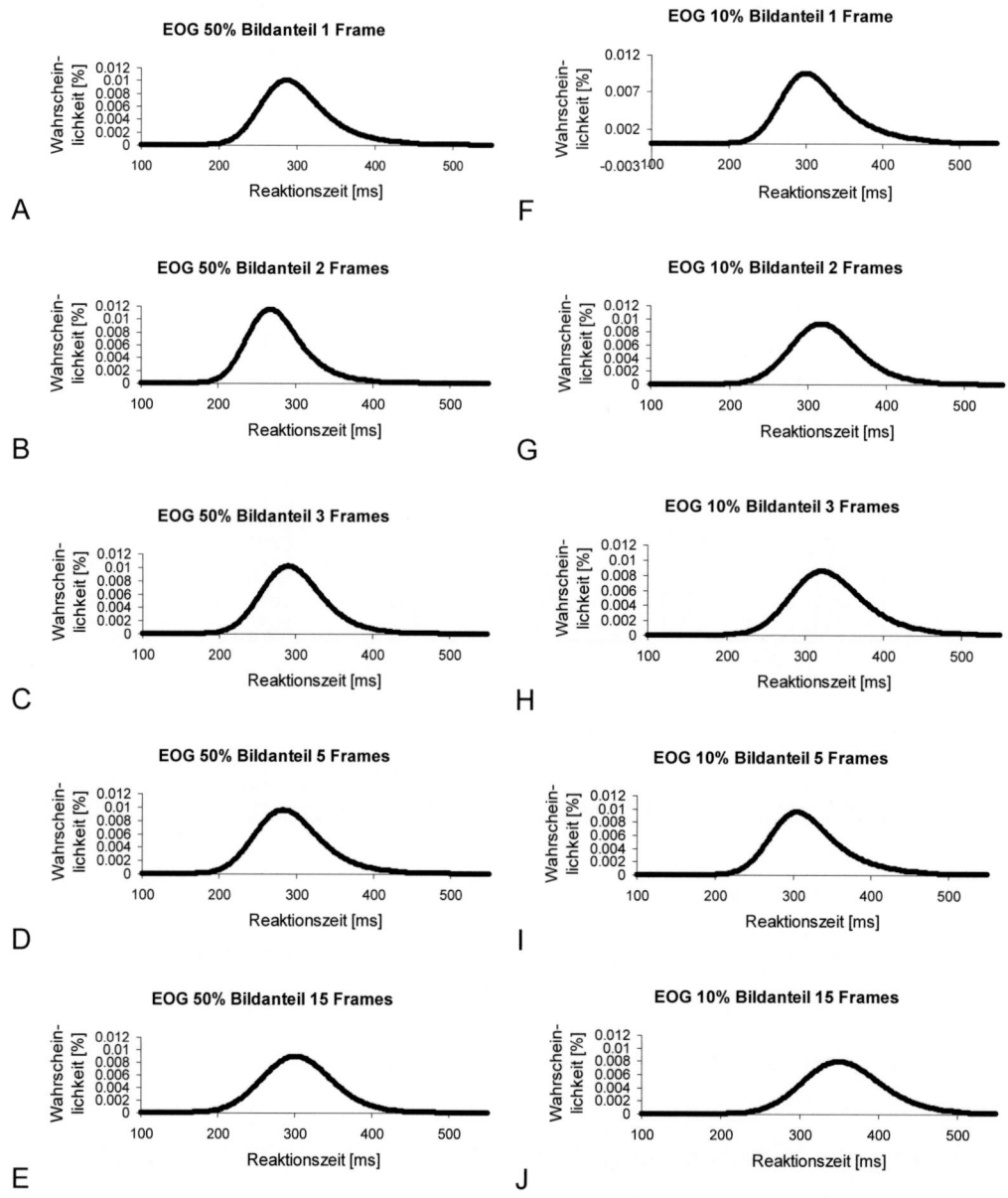

Abb. 20: Dargestellt sind die Dichtefunktionen für die gemittelten sakkadischen Reaktionszeiten (EOG). A, B, C, D und E zeigen die Funktionen für die fünf Bedingungen mit 50 % Bildanteil. F, G, H, I und J stellen die Bedingungen bei 10 % Bildanteil da.

3.2.2 Sakkadische Reaktionszeiten - Wiederholung

Bei der Präsentation von 50 % Bildinformation erreichten die Versuchspersonen eine Leistung für die Bedingung 1 von 86,6 % (SD=6,1), für die Bedingung 2 von 84,4 % (SD=8,4), für die Bindung 3 von 81,1 % (SD=6,2), für die Bedingung 4 von 83,0 % (SD=6,7) und für die Bedingung 5 von 79,2 % (SD=7,5). Keine Bedingung unterschied sich von den anderen Bedingungen.

Zeigte das Programm nur 10 % Bildinformation, lag der Anteil der richtigen Antworten der Versuchspersonen in der Bedingung 1 bei 71,8 % (SD=4,6), in der Bedingung 2 bei 70,5 % (SD=5,8), in der Bedingung 3 bei 69,6 % (SD=5,6), in der Bedingung 4 bei 67,8 % (SD=7,1) und in der Bedingung 5 bei 62,2 % (SD=7,9) (siehe Abb. 21). Die Untersuchung mittels mehrerer t-Tests förderte keine Signifikanzen zu Tage. Mittels einer ANOVA lässt sich zeigen, dass die Versuchspersonen in Bedingung 5 deutlich schlechter waren, als in den anderen Bedingungen (ANOVA einfaktoriell (α=0,01): $F_{(1,33)}$=8,12, p=0,005).

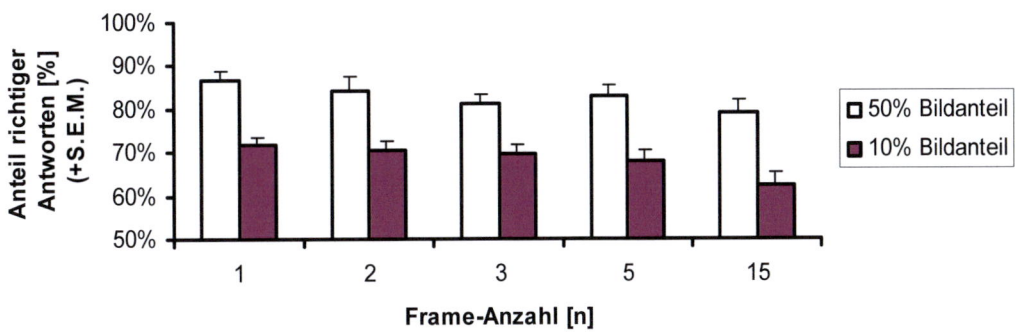

Abb. 21: Sakkadische Antworten. Aufgetragen ist der Mittelwert des Anteils der richtigen Antworten mit Standardfehler (S.E.M.) in Abhängigkeit von der Frameanzahl für die 50 % (weiß) und die 10 % Bedingung (rot).

Vergleicht man die Bedingungen für die unterschiedlichen Gesamtbildanteile, zeigt sich, dass die Versuchspersonen in allen Bedingungen bis auf Bedingung 2 besser bei 50 % Bildanteil waren (t-Test einseitig (α=0,01): $t_{(9)}$=8,42, p=0,000, $t_{(9)}$=5,86,

$p=0{,}001$, $t_{(9)}=3{,}70$, $p=0{,}005$ und $t_{(9)}=9{,}31$, $p=0{,}000$). In der Bedingung 2 lag der Mittelwert für einen Bildanteil von 50 % über den der 10 % Bedingung, war jedoch nicht signifikant.

Die Reaktionszeiten (Modalwerte) für einen Bildanteil von 50 % waren für die Bedingung 1 202,1 ms (SD=53,0), für die Bedingung 2 196,3 ms (SD=26,2), für die Bedingung 3 215,3 ms (SD=51,2), für die Bedingung 4 212,5 ms (SD=35,6) und für die Bedingung 5 232,3 ms (SD=70,8). Es ließen sich weder Unterschiede mittels der Einzelmittelwertvergleiche noch durch die ANOVA finden.

Ist der Bildanteil auf 10% reduziert, erreichen die Versuchspersonen Zeiten von 225,4 ms (SD=26,6) für die erste Bedingung, 225,4 ms (SD=36,9) für die zweite Bedingung, 237,5 ms (SD=55,2) für die dritte Bedingung, 230,4 ms (SD=63,3) für die vierte Bedingung und 207,5 ms (SD=23,6) für die Bedingung 5 (siehe Abb. 22). Auch hier ließen sich keine Unterschiede finden. Die Bedingungen der beiden Bildanteilsstufen ergaben ebenfalls keine statistischen nachweisbaren Effekte.

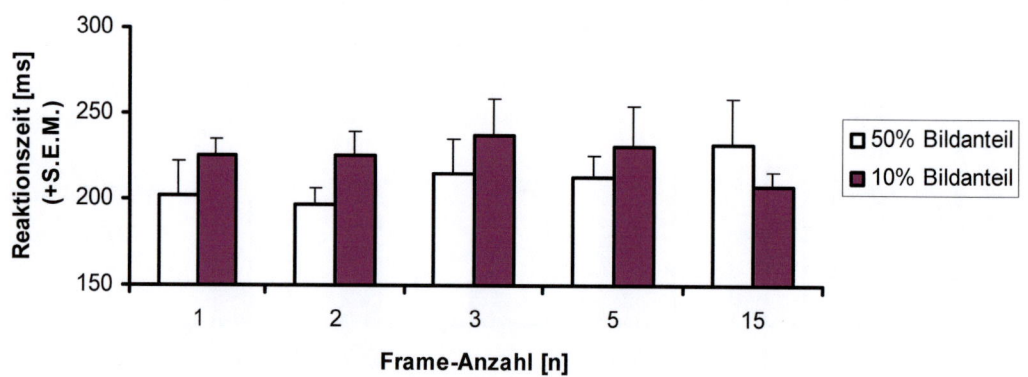

Abb. 22: Sakkadische Reaktionszeiten. Aufgetragen sind die Mittelwerte mit Standardfehler (S.E.M.) der Modalwerte der Reaktionszeiten in Abhängigkeit von der Frameanzahl für die 50 % (weiß) und die 10 % Bedingung (rot).

Die gemittelten Dichtefunktionen der sakkadischen Reaktionszeiten Wiederholung zeigen, dass sich die Form der Verteilungsfunktion mit Versuchsbedingung und Bildanteils ändert. Die Schiefe nimmt dabei leicht mit steigender Bedingungszahl zu. Näheres kann der Abbildung 23 entnommen werden.

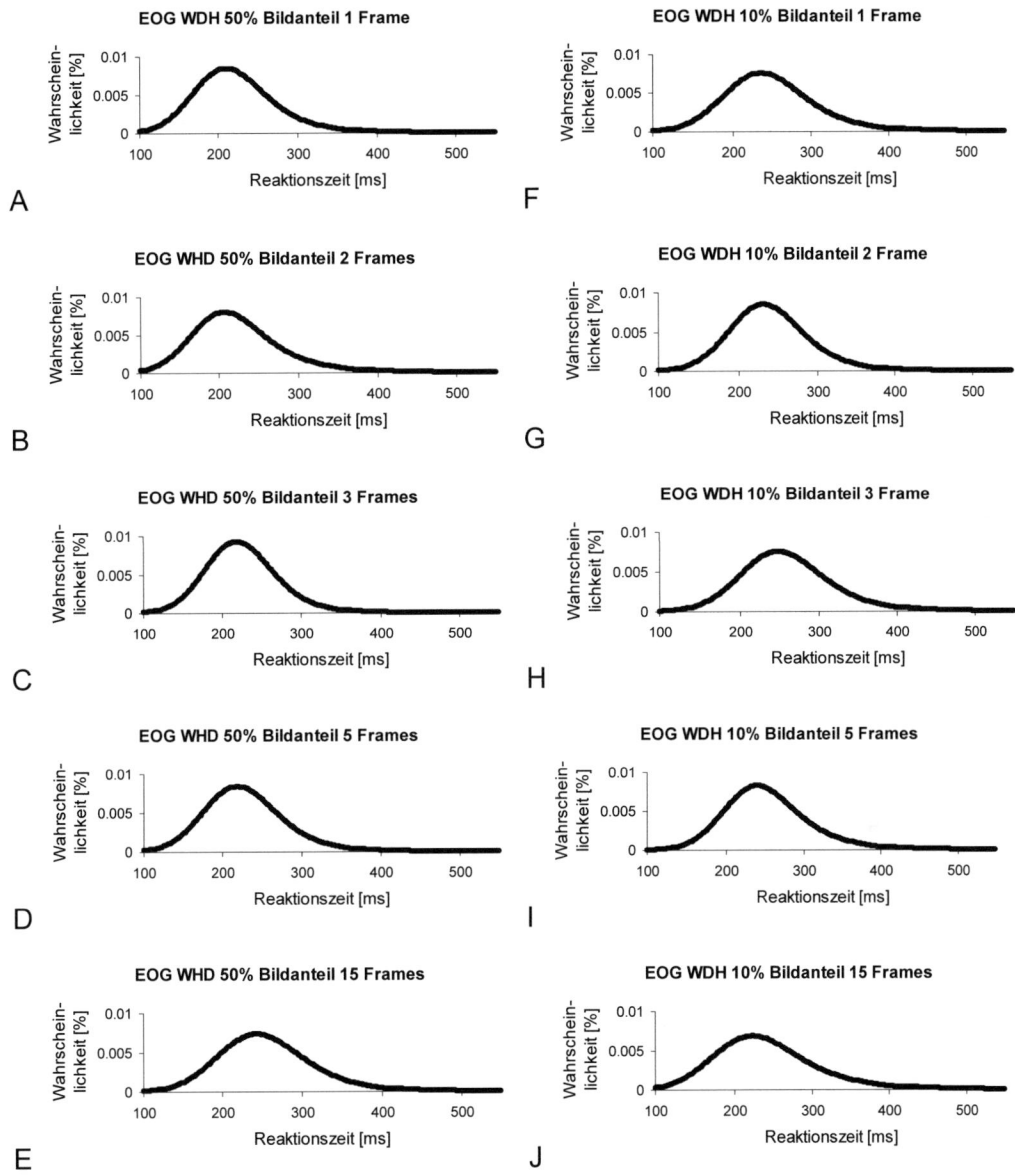

Abb. 23: Dargestellt sind die gemittelten Dichtefunktionen für die sakkadischen Reaktionszeit Wiederholungen (EOG WDH). A, B, C, D und E zeigen die Funktionen für die fünf Bedingungen mit 50 % Bildanteil. F, G, H, I und J stellen die Bedingungen

3.2.3 Manuelle Reaktionszeiten

Der Anteil richtiger Antworten lag für die Bedingung 1 bei 50 % Bildanteil Präsentation im Mittel bei 89,3 % (SD=5,4). In Bedingung 2 erreichten die Versuchspersonen einen Anteil von 88,7 % (SD=3,6), in der Bedingung 3 89,0 % (SD=4,2), in der

Bedingung 4 88,4 % (SD=4,9) und in der Bedingung 5 88,3 % (SD=4,9). Es ließen sich keine statistischen Unterschiede zwischen den Bedingungen finden.

Wenn nur 10 % der Bildinformation präsentiert wurden, erreichten die Versuchspersonen für Bedingung 1 einen Anteil von 77,9 % (SD=6,1), für Bedingung 2 78,4 % (SD=6,1), für Bedingung 3 79,1 % (SD=4,9), für Bedingung 4 76,2 % (SD=5,6) und für Bedingung 5 74,6 % (SD=3,8) (siehe Abb. 24). Eine ANOVA ergab, dass der Anteil richtiger Antworten für die Bedingungen 4 und 5 gegenüber den restlichen Bedingungen reduziert war (ANOVA einfaktoriell (α=0,01): $F_{(1,48)}$=4,29, p=0,044).

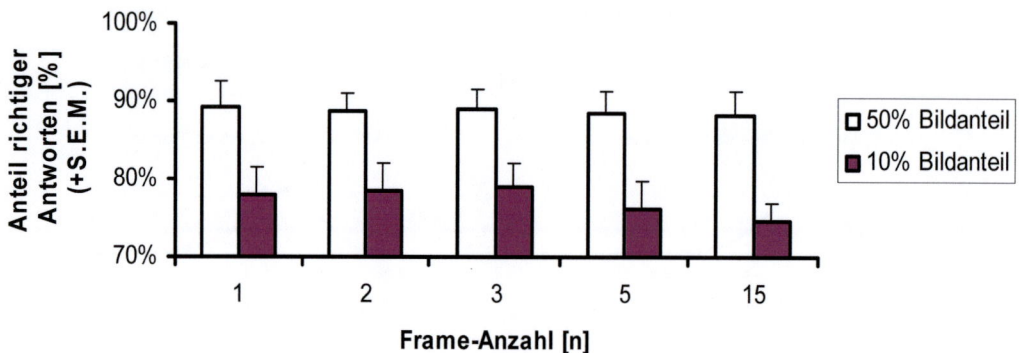

Abb. 24: Manuelle Antworten. Aufgetragen ist der Mittelwert mit Standardfehler (S.E.M.) des Anteils der richtigen Antworten in Abhängigkeit der Frameanzahl für die 50 % (weiß) und die 10 % Bedingung (rot).

Der Vergleich der Bedingungen der unterschiedlichen Bildanteile zeigte, dass in allen Bedingungen der Anteil richtiger Antworten höher war bei 50 % Bildanteil, als wenn der Bildanteil 10 % betrug (t-Test einseitig (α=0,01): $t_{(9)}$=6,98, p=0,000, $t_{(9)}$=8,14, p=0,000, $t_{(9)}$=8,39, p=0,000, $t_{(9)}$=6,03, p=0,000 und $t_{(9)}$=8,25, p=0,000).

Erfolgte die Präsentation mit 50 % Bildinformation in der Bedingung 1, benötigten die Versuchspersonen 321,8 ms (SD=29,7), in der Bedingung 2 322,5 ms (SD=28,7), in der Bedingung 3 327,5 ms (SD=28,4), in der Bedingung 4 325,3 ms (SD=30,9) und in der Bedingung 5 349,9 ms (SD=28,3) für eine korrekte Antwort. Die Geschwindigkeit der Reaktionszeiten waren in der Bedingung 5 langsamer als in allen anderen Bedingungen (t-Test einseitig (α=0,005): $t_{(9)}$=5,76, p=0,000, $t_{(9)}$=6,99, p=0,000, $t_{(9)}$=4,83, p=0,001 und $t_{(9)}$=6,80, p=0,000).

Bei der Präsentation von 10 % Bildanteil lag der Modalwert der Reaktionszeiten für die erste Bedingung bei 346,3 ms (SD=36,5), für die zweite Bedingung bei 349,9 ms (SD=37,9), für die dritte Bedingung bei 358,0 ms (SD=37,1), für die vierte Bedingung bei 360,2 ms (SD=32,8) und für die fünfte Bedingung bei 390,3 ms (SD=33,1) (siehe Abb. 25). Wieder waren die Reaktionszeiten für die Bedingung 5 größer als in den restlichen Bedingungen (t-Test einseitig (α=0,005): $t_{(9)}$=6,09, p=0,000, $t_{(9)}$=5,12, p=0,000, $t_{(9)}$=3,14, p=0,006 (Trend) und $t_{(9)}$=5,87, p=0,000).

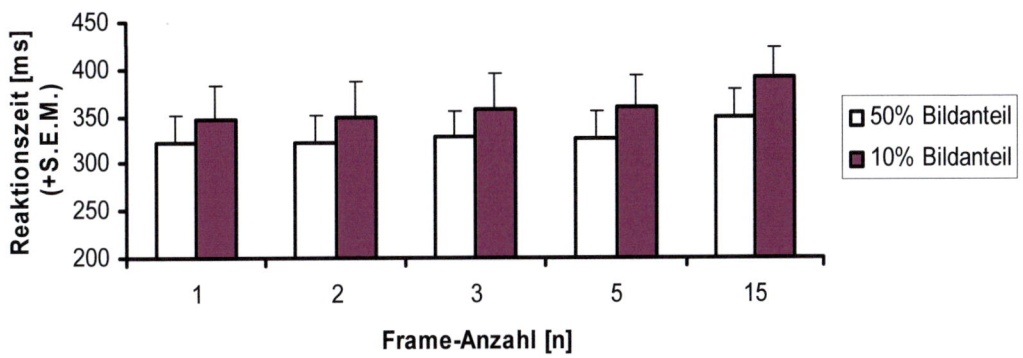

Abb. 25: Manuelle Reaktionszeiten. Aufgetragen sind die Mittelwerte mit Standardfehler (S.E.M.) der Modalwerte in Abhängigkeit von der Frameanzahl für die 50 % (weiß) und die 10 % Bedingung (rot).

Der Vergleich der Bedingungen für die Präsentation eines Bildanteils von 50 % mit der Präsentation von 10 % Bildanteil zeigt, dass die Versuchspersonen immer schneller waren für einen größeren Informationsanteil (t-Test einseitig (α=0,005): $t_{(9)}$=3,42, p=0,004, $t_{(9)}$=4,35, p=0,001, $t_{(9)}$=3,66, p=0,003, $t_{(9)}$=4,40, p=0,001 und $t_{(9)}$=5,87, p=0,000).

Die gemittelten Dichtefunktionen der manuellen Reaktionszeiten zeigen, dass sich die Form der Verteilungsfunktion mit Versuchsbedingung und Bildanteils ändert. Ebenso wie in den sakkadischen Messungen nimmt die Schiefe mit zunehmender Aufteilung zu. Näheres kann der Abbildung 26 entnommen werden.

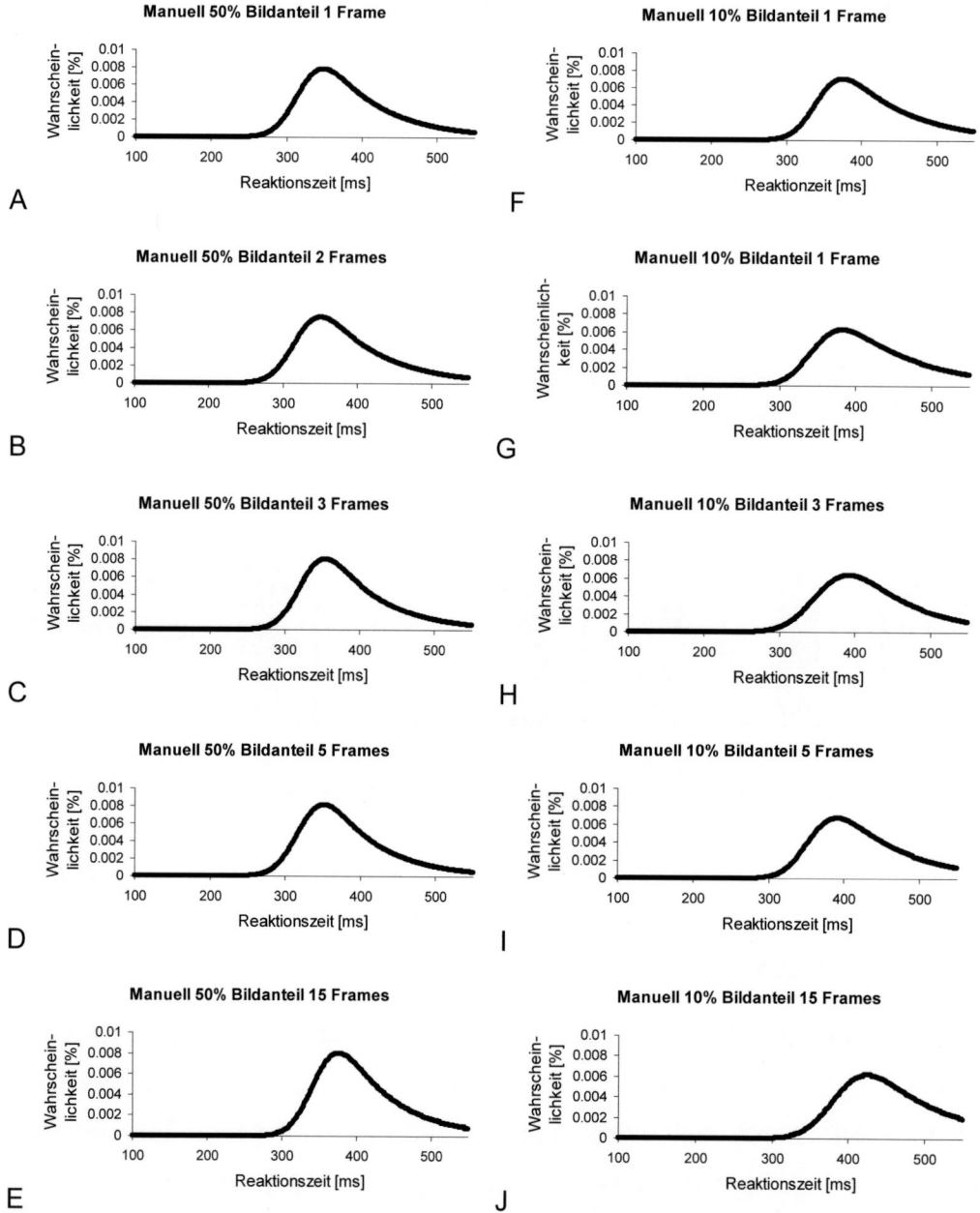

Abb. 26: Dargestellt sind die gemittelten Dichtefunktionen für die manuellen Reaktionszeiten (Manuell). A, B, C, D und E zeigen die Funktionen für die fünf Bedingungen mit 50 % Bildanteil. F, G, H, I und J stellen die Bedingungen bei 10 % Bildanteil da.

3.3 Experiment 3: Auswirkung auf die Erkennbarkeit und Reaktionszeiten bei Aufteilung der Bildinformation entsprechend der Leuchtdichte

Wird die Bildinformation entsprechend der Bedingung HDF gezeigt, dann erreichen die sechs Versuchspersonen einen mittleren Anteil richtiger Antworten von 95,5 % (SD=2,0). In der Gegenbedingung DHF lag die Erkennbarkeit für die Bilder bei 96,0 % (SD=2,0). In der Kontrollbedingung F ereichten die Versuchsperson einen Anteil von 96,3 % (SD=2,9). Die Erkennbarkeit lag bei 92,5 % (SD=3,2) für die HDS Bedingung bzw. 91,6 % (SD=3,5) für die DHS Bedingung. Der Anteil richtiger Antworten für die Kontrollbedingung S betrug 94,2 % (SD=3,8) (siehe Abb. 27). Der Anteil richtiger Antworten in den Bedingungen HDS und DHS war geringer als in den Bedingungen HDF und DHF (ANOVA einfaktoriell (α=0,05): $F_{(1,22)}$=9,75, p=0,005) und ebenfalls geringer als in der Bedingung F (ANOVA einfaktoriell (α=0,05): $F_{(1,17)}$=6,52, p=0,021).

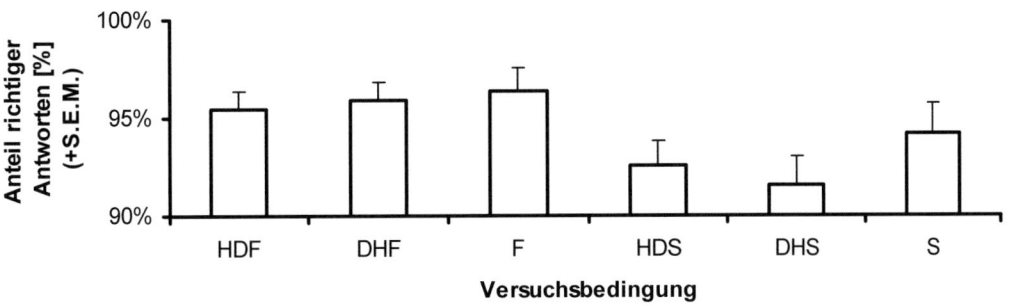

Abb. 27: Manuelle Antworten. Aufgetragen ist Mittelwert des Anteils richtiger Antworten mit Standardfehler (S.E.M.) in Abhängigkeit von den einzelnen Bedingungen: HDF (Hell nach Dunkel Farbbild), DHF (Dunkel nach Hell Farbbild), F (Farbbild Leuchtdichte und Kontrast reduziert), HDS (Hell nach Dunkel Weiß), DHS (Dunkel nach Hell Weiß) und S (Schwarzweißbild reduziert in Kontrast und Leuchtdichte).

Innerhalb der Reaktionszeiten zeigte sich, dass die Präsentation der einzelnen Pixel entsprechend der Bedingung HDF zu einem Modalwert von 357,2 ms (SD=42,0) führte. Bei der Gegenbedingung DHF lag der Modalwert bei 350,8 ms

(SD=34,7). In der Kontrollbedingung F erreichten die Versuchspersonen eine Reaktionszeit von im Mittel (Modalwert) 341,9 ms (SD=40,6).

Waren die Pixel zeitlich geordnet mit gleicher Leuchtdichtestufe gezeigt worden, dann erfolgte die Antwort nach 360,2 ms (SD=50,1) für die Bedingung HDS und nach 351,9 ms (SD=44,1) für die Bedingung DHS. In der Kontrollbedingung S lag der Modalwert der Reaktionszeiten im Mittel bei 356,7 ms (SD=50,8) (siehe Abb.28).

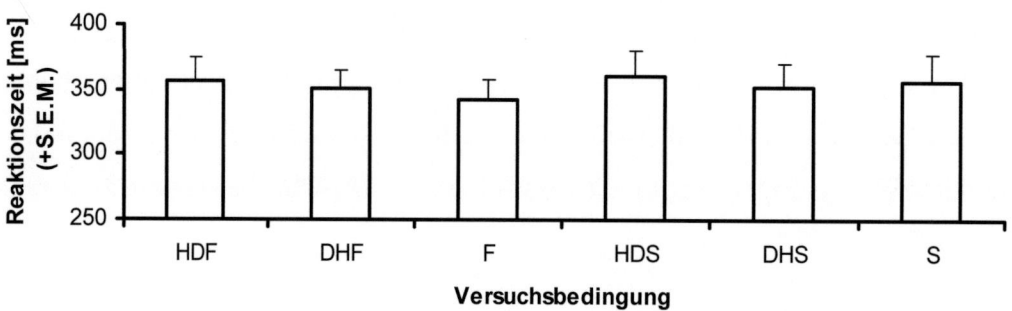

Abb. 28: Manuelle Reaktionszeiten. Aufgetragen ist der Mittelwert der Modalwerte mit Standardfehler (S.E.M.) in Abhängigkeit von den einzelnen Bedingungen: HDF (Hell nach Dunkel Farbbild), DHF (Dunkel nach Hell Farbbild), F (Farbbild Leuchtdichte und Kontrast reduziert), HDS (Hell nach Dunkel Weiß), DHS (Dunkel nach Hell Weiß) und S (Schwarzweißbild reduziert in Kontrast und Leuchtdichte).

Keine der Bedingungen war für die Reaktionszeiten signifikant verschieden von den restlichen Bedingungen. Somit zeigen sich die einzigen Unterschiede im Anteil richtiger Antworten.

3.4 Experiment 4: Auswirkung auf die Erkennbarkeit und Reaktionszeiten bei Aufteilung der Bildinformation entsprechend der Leuchtdichte in diskreten Stufen (Graustufen)

Die sechs Versuchspersonen, die an diesem Experiment teilnahmen, antworteten bei der schwarzweiß Kontrolle (SW) in 91,9 % (SD=5,0) der Fälle richtig. Bei der Präsentation der Graustufen von Dunkel nach Hell (GR DH) erreichten die Versuchspersonen einen Anteil von richtigen Antworten von 91,2 % (SD=7,4) und bei der Präsentation von Hell nach Dunkel (GR HD) von 87,7 % (SD=7,5) (siehe Abb. 29). Der Anteil richtiger Antworten in der Bedingung GR HD war signifikant höher als in der Bedingung GR DH (*t*-Test einseitig (α=0,016): $t_{(5)}$=6,51, *p*=0,001).

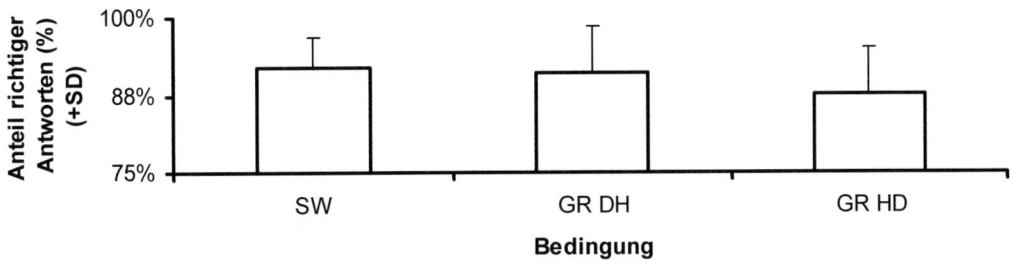

Abb. 29: Manuelle Antworten. Aufgetragen ist der Mittelwert mit Standardfehler (S.E.M.) des Anteils richtiger Antworten in Abhängigkeit von den einzelnen Bedingungen: SW Schwarzweißbild zufällig aufgeteilt, GR DH (Graustufen gezeigt von Dunkel nach Hell) und GR HD (Graustufen gezeigt von Hell nach Dunkel).

Der mittlere Modalwert der Reaktionszeiten für die schwarzweiße Kontrolle (SW) lag bei 338,6 ms (SD=57,5). In der Grausstufen-Präsentation von Dunkel nach Hell (GR DH) erreichten die Versuchspersonen einen Wert von 346,4 ms (SD=59,9) und in der Gegenbedingungen (GR HD) einen Wert von 349,8 ms (SD=76,8) (siehe Abb.30). Die Reaktionszeiten in der Bedingung S waren signifikant kürzer als in der Bedingung GR DH (*t*-Test einseitig (α=0,016): $t_{(5)}$=3,30, *p*=0,011).

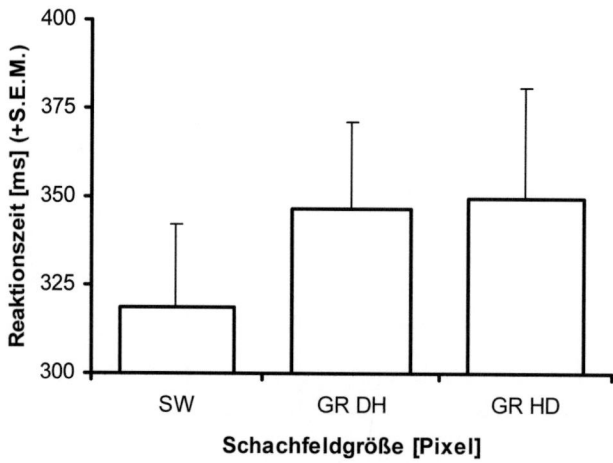

Abb. 30: Manuelle Reaktionszeiten. Aufgetragen ist der Mittelwert und der Standardfehler (S.E.M.) der Reaktionszeiten (Modalwerte) in Abhängigkeit von den einzelnen Bedingungen: SW Schwarzweißbild zufällig aufgeteilt, GR DH (Graustufen gezeigt von Dunkel nach Hell) und GR HD (Graustufen gezeigt von Hell nach Dunkel).

3.5 Experiment 5: Auswirkung auf die Erkennbarkeit und Reaktionszeiten bei Aufteilung der Bildinformation auf verschieden große Schachbrettfelder

Die sechs Versuchspersonen waren bei einer Aufteilung der Bildinformation in zeitversetzt gezeigte Schachbrettfelder bei einer Schachfeldgröße von 5 x 5 Pixel in der Lage die Szenen in 87,8 % (SD=6,4) der Fälle richtig zu unterscheiden und bei einer Aufteilung auf 20 x 20 Pixel in 80,0 % (SD=10,1) der Fälle (siehe Abb. 31).

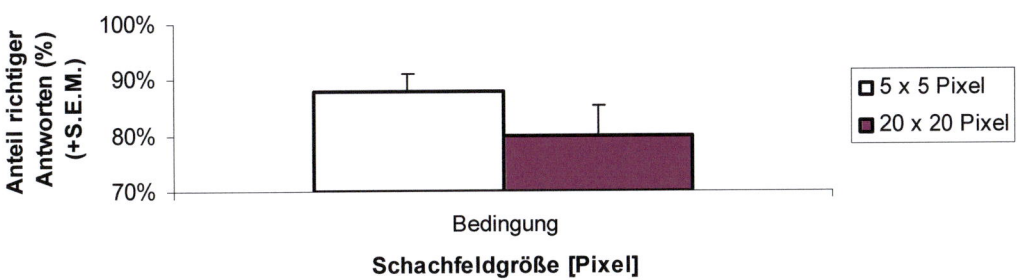

Abb. 31: Manuelle Antworten. Aufgetragen ist der Mittelwert mit Standardfehler (S.E.M.) des Anteils richtiger Antworten in Abhängigkeit von der Schachfeldgröße. Dargeboten wurden 5 x 5 Pixel und 20 x 20 Pixel.

Der Anteil richtigen Antworten bei der Schachfeldgröße von 5 Pixel ist signifikant größer (einseitig gepaarter *t*-Test (α=0,05); $t_{(5)}$=3,04, p=0,015) als der von der 20 Pixel Bedingung. Für Bilder in denen die Bildinformation auf eine Schachfeldgröße von 5 x 5 Pixel aufgeteilt war, erreichten die Versuchspersonen eine durchschnittliche Reaktionszeit von 353,3 ms (SD=62,7). Bei 20 x 20 Pixel lag der Modalwert der Reaktionszeiten bei 368,5 ms (SD=76,4) (siehe Abb. 32).

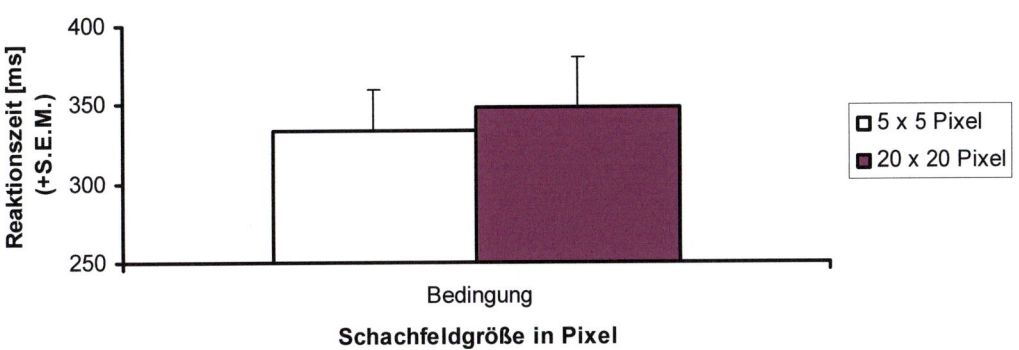

Abb. 32: Manuelle Reaktionszeiten. Aufgetragen sind die Mittelwerte mit Standardfehler (S.E.M.) der Modalwerte in Abhängigkeit von der Schachfeldgröße. Dargeboten wurden 5 x 5 Pixel und 20 x 20 Pixel.

Die Modalwerte bei der Schachfeldgröße von 5 Pixel sind signifikant (einseitig gepaarter *t*-Test (α=0,05): $t_{(5)}$=2,53, *p*=0,026) kleiner als die der 20 Pixel Bedingung.

4. Diskussion

Die Ergebnisse dieser Studie beschäftigen sich zum einem mit der Objekterkennung unter schwierigen Bedingungen und zum anderen mit der Verteilung von Reaktionszeiten bei dieser Objekterkennung.

4.1 Experiment 1: Erkennbarkeit in Abhängigkeit von der Bildinformation

Die Versuchspersonen im ersten Experiment waren noch bei einer Reduktion der Bildinformation auf einen Wert von 6,25 % in der Lage, die Bilder mit einer Wahrscheinlichkeit oberhalb der Rateschwelle zu erkennen (≈ 75 % korrekt). Der Anstieg der Reaktionszeiten betrug dabei ungefähr 60 ms für den Modalwert relativ zu 100% Bildinformation. Diese Ergebnisse sind vergleichbar mit den Resultaten der Studie von Mace und Kollegen [MACE ET AL, 2005]. Hier wurde die Bildinformation nicht durch das Entfernen von Bildpunkten reduziert, sondern der Kontrast wurde abgesenkt. Selbst bei einer Kontrastabsenkung auf ungefähr 6 % lagen die Ergebnisse der Versuchspersonen noch über der Ratewahrscheinlichkeit. Die maximale Reaktionszeitzunahme lag ebenfalls bei ungefähr 60 ms [MACE ET AL, 2005]. Mit vereinfachter Objektrepräsentation (Strichzeichnungen) lässt sich zeigen, dass die Erkennbarkeit bei einem Kontrast von 10 % absinkt [AVIDAN ET AL, 2002].

Die Ergebnisse geben also eine ungefähre Vorstellung von der Robustheit und der Verarbeitungseffizienz selbst verfremdeter oder stark reduzierter Bilder. Das ist überraschend angesichts der Tatsache, dass es sich bei den Reizen um komplexe Szenen handelte, die sich von Bild zu Bild stark unterschieden. Selbst wenn man in Betracht zieht, dass die Tierbilder Charakteristika aufwiesen, die seltener in den Distraktorbildern vorkamen, wie zum Beispiel Augen, zentral ausgerichtetes Objekt und Kontext (die Tierbilder waren meist innerhalb einer natürlichen Umgebung aufgenommen), erklärt dies nicht, warum ein Kontrast bzw. ein Bildanteilswert von 6 % noch ausreicht, um ein Tier in einer natürlichen Szene zu erkennen. (Zumal zwei Bilder parallel verarbeitet werden mussten und damit die Schwierigkeit der Aufgabe erhöht war.)

4.2 Experiment 2: Erkennbarkeit in Abhängigkeit von der Bildinformation und der Aufteilung

Im zweiten Experiment wurde das Augenmerk auf die integrative Fähigkeit des visuellen Systems gelegt. Zuvor waren die einfachen Reaktionszeiten für die sakkadischen Antworten, die sakkadischen Antworten nach zeitlicher Lücke und die manuellen Antworten auf das Auftauchen eines Reizes untersucht worden. Die manuellen Antworten waren die langsamsten mit 186 ms (SD=21,8). Schneller waren die Sakkaden 173 ms (SD=22,5) am schnellsten die Sakkaden mit Pause 140 ms (SD=15,6). Der Unterscheid zwischen manuellen und sakkadischen Antworten ist gering, obwohl andere motorische Zentren und Bewegungsapparate verwendet werden. Selbst die Art der Antwort hat sich unterschieden, da die sakkadischen Reaktionen einer Zeigebewegung gleich kamen, die manuellen dagegen einer Druckbewegung. Einen starken Einfluss hatte das Einfügen einer Pause nach der Fixation (ca. 30 ms). Der Effekt ist in der Literatur als „Gap"-Effekt bekannt [CLARK, 1999; FARIA UND MACHADO-PINHERO, 2004; SUMNER ET AL, 2005]. Die Schiefe der Verteilungsfunktionen war für alle drei Paradigmen nahezu gleich (τ(manuell)=48,2 (SD=24,2), τ(sakkadisch)=46,1 (SD=17,1) und τ(sakkadisch mit Pause)=37,3 (SD=20,1)). Die Reaktionszeitverteilungen in der ersten Bedingung der Hauptuntersuchung d.h. für die Auswahlreaktionen waren dagegen nicht so gut vergleichbar. Bei 50 % Bildanteil lagen die Reaktionszeiten (RT) für manuelle Reaktionen bei 322 ms (SD=29,7), für sakkadische RTs bei 263 ms (SD=32,2) und für sakkadische RTs mit Pause bei 202 ms (SD=53,0). Allein der Reaktionszeitgewinn von sakkadischer gegenüber manueller Reaktion beträgt ungefähr 60 ms, zusätzliche 60 ms werden gewonnen durch den „Gap"-Effekt. Der Unterschied zwischen sakkadischer und manueller Reaktion lässt sich durch die verschiedenen Bewegungsparadigmen erklären. Es wurde gezeigt, dass Zeigebewegungen für Auge und Hand gleich schnell generiert werden können, jedoch Knopfdruckantworten nur mit einer Verzögerung initiiert werden können, die bis zu 120 ms beträgt [BEKKERING ET AL, 1994]. Bei der Messung der einfachen Reaktionszeiten konnte dieser Unterschied nicht bemerkt werden, da die auszuführende Bewegung feststand und nur noch auf Abruf erzeugt werden musste. Der „Gap"-Effekt hingegen hat sich bei den Auswahlreaktionen gegen über den einfachen RTs nahezu verdoppelt. Der Anteil richtiger Antworten beträgt jedoch bei sakkadischen Antworten 91,5 % (SD=4,1) und bei sakkadischen Antworten mit Pause 86,6 % (SD=6,1). Es ist möglich, dass ein Teil der Differenz nicht auf den „Gap"-Effekt, sondern auf einen Geschwindigkeits-Genauigkeitstausch (engl.: speed-accuracy Trade-off) zurückzuführen ist. Die Schiefe der Dichtefunktionen war nun nicht mehr gleich für die verschiedenen Bewegungsarten (τ(manuell)=71,6 (SD=18,1), τ(sakkadisch)= 40.0 (SD=18,5) und τ(sakkadisch mit Pause)=38.5 (SD=21,0)). Im Versuch stehen zwei Bilder als mögliche Ziele zur Verfügung. Die Informationsextraktionen aus beiden Reizen laufen somit Parallel ab. Im Falle der Sakkaden dominiert der schnellere Prozess, da nur eine Bewegungsausführung möglich ist. Im Falle der manuellen Reaktion wären zwar beide Reaktionen möglich, jedoch ist davon nur eine gewollt. Die entsprechende Gegenbewegung muss einer Hemmung unterliegen. Die unterschiedliche Schiefe für die Reaktionen könnte beispielsweise durch einen Hemmungsmechanismus erklärt werden. Dem Aktivations-Hemmungsmodel (engl.:activation-supression-model) zur Folge lösen sowohl Zielreiz als auch Distraktor eine Aktivierung aus. Die Aktivierung des Distraktors unterliegt aber mit zunehmendem Fortschritt der Verarbeitung einer selektiven Inhibition [WIJNEN UND RIDDERINKHOF, 2007]. So ist die Inhibition einer Bewegung am Anfang schwach und nimmt mit der Zeit zu. Da Sakkaden früh ausgelöst werden, ist die Beeinflussung durch einen Hemmungsmechanismus nicht sehr stark. Motorische Antworten hingegen werden erst später ausgelöst, könnten also stärker von einer Hemmung betroffen sein.

Es gibt jedoch auch Hinweise auf zwei getrennte Inhibitionssysteme für die verschiedenen Bewegungsarten. Diese Aussage stützt sich auf Versuche, bei denen nach dem Zielreizsignal ein Stoppsignal folgen konnte. Dabei erwiesen sich Sakkaden als inhibierbar bis zu 100–150 ms nach Stimulusbeginn und Druckbewegungen bis zu 200 ms [LOGAN UND IRWIN, 2000]. Andere Autoren machen die verschiedenen ballistischen Bewegungsplanungen für Unterschiede zwischen den Ergebnissen der beiden Bewegungsformen verantwortlich [MIRABELLA ET AL, 2006]. Welcher Mechanismus nun für die verschiedenen Formen der Reaktionszeitverteilung verantwortlich ist, kann in dieser Studie nicht geklärt werden. Die Verteilungen müssen jedoch berücksichtigt werden, wenn die Ergebnisse von sakkadischen und manuellen Antworten verglichen werden.

Die Versuchspersonen waren in der Lage, die Information von bis zu 15 Frames zu integrieren und entsprechende sakkadische oder manuelle Antworten zu geben. Dabei führte eine Aufteilung auf bis zu drei Frames zu keiner erkennbaren Verschlechterung der Leistung, weder für die Erkennbarkeit noch für die Schnelligkeit der Antworten. In den sakkadischen Versuchen ohne Pause führte die Aufteilung von 50 % dargebotener Bildinformation auf 15 Frames zu einer Verschlechterung der Erkennbarkeit gegenüber der Aufteilung auf fünf Frames. Die Reaktionszeiten stiegen jedoch nicht an. Für 10 % dargebotenen Bildanteil kam es für die Aufteilung auf 15 Frames zu einer Verlangsamung, jedoch nicht zu einer Verschlechterung der Erkennbarkeit. Das Ergebnis für den Sakkadenversuch mit Pause zeigte für 10 % Bildanteil eine Abnahme richtiger Antworten, wiederum blieben die Latenzen unverändert. Wenn auch nicht signifikant, so scheinen sich bei einer Aufteilung auf 15 Frames die Reaktionszeiten zu verkürzen und nicht weiter zu verlängern. Die Leistung zweier Versuchspersonen war in der letzten Bedingung auf die Ratewahrscheinlichkeit gesunken. Reines Raten ging mit verkürzten Reaktionszeiten einher, was diesen Abfall der Reaktionszeiten erklären könnte. Bei der manuellen Durchführung des Versuchs ließen sich die einzelnen Bedingungen klarer voneinander abgrenzen. Die Erkennbarkeit für 50 % Bildanteil wurde innerhalb der Bedingungen nicht durch die Aufteilung beeinflusst, die Latenzen der Reaktionszeiten hingegen unterscheiden sich für die 15 Frame-Aufteilung. Für 10 % Bildanteil kam es zu einer Verschlechterung der Erkennbarkeit für das Präsentieren der Bildinformation in fünf und 15 Frames und für die Latenzen zu einer Verzögerung für die Auftrennung auf 15 Frames. Die bessere statistische Trennbarkeit der Ergebnisse der Knopfdruckantworten gegenüber den Sakkaden hängt mit der Anzahl der Versuchsdurchführungen zusammen. Jede Bedingung wurde für manuelle Antworten zweimal pro Versuchspersonen durchgeführt, außerdem ist die Anzahl der Versuchspersonen für den Sakkadenversuch ohne Pause und im manuellen Versuch größer, als für die sakkadische Messung mit Pause.

Alle drei Versuche zeigen somit, dass eine Auftrennung der Bildinformation erst bei einer Auftrennung des Bildinhalts auf mehr als fünf Frames wirksam wird. Die im Zeitraum von ca. 30 ms präsentierten Signale (6,6 ms x 5 Frames=33 ms) können integriert werden und zwar unabhängig von der Anzahl der Aufteilungsstufen. Diese Zeit entspricht der kritischen Zeit für die Flicker Fusion (ca. 33 Hz) (CFF engl.: Critical Flicker Fusion) [LEVINSON UND HARMON, 1961; TURNER, 1968], ab der zwei nacheinander präsentierte identische Reize nicht mehr getrennt werden können. Aber nicht nur zwei Lichtpunkte können bei Darbietung innerhalb von 30 ms nicht mehr getrennt werden, sondern auch komplexe Eigenschaften wie z.B. Farbe in Verbindung mit Orientierung. Die Präsentation von Farbe und Orientierung alleine führt zu kürzeren Trennungsintervallen [BODELON ET AL, 2007]. Die Versuchspersonen berichteten in Übereinstimmung, dass sie erst bei einer Aufteilung auf 15 Frames ein Flickern wahrnahmen.

Im Rahmen dieser Studie wird davon ausgegangen, dass es durch die zeitlich versetzte Präsentation der Bildinformation zu einem entsprechenden zeitlichen Aktionspotentialmuster auf Ebene der retinalen Ganglienzellen führt. So kommt es in Abhängigkeit von der Aufteilung zu entsprechenden synchronisierten Spikewellen. Die zeitliche Kodierung, wenn sie denn die dominante Form der Kodierung ist, sollte auf der Ebene der retinalen Ganglienzellen umgesetzt werden und mit der zeitlichen Stimulation interagieren, da die Gewichtung der zeitlichen Eingänge von zentraler Bedeutung ist [GAUTRAIS UND THORPE, 1998]. Es waren jedoch in den Ergebnissen für die verschiedenen Aufteilungen innerhalb von 30 ms keine Effekte feststellbar. Eine zeitliche Gewichtung der Eingänge fand also nicht satt.

Sollte die zeitliche Integration jedoch auf Netzhautebene stattfinden, könnten keine Aussagen über die Kodierung, dem Hauptanliegen dieser Studie, gemacht werden. Gegen diese Annahme spricht aber, dass bei Versuchen am wachen Makaken gezeigt werden konnte, dass der Median der Aktionspotentialgenerierung im LGN bei ca. 23 ms für die magnozellulären Schichten und bei 35 ms für die parvozellulären Schichten lag [MAUNSELL ET AL, 1999]. Da die retinalen Ganglienzellen vor dem LGN liegen, steht ihnen nicht genügend Zeit zur Verfügung, um eine Integration von 30 ms zu gewährleisten. Es ist plausibler, dass die zeitliche Integration erst auf späteren Ebenen stattfindet, zumal in funktionell höheren Strukturen, wie dem infero-temporalen Kortex, die meiste Information innerhalb der ersten 50 ms der Reaktion eines visuellen Neurons auf einen Reiz gewonnen werden kann [TOVEE ET AL, 1993].

4.3 Experiment 3: Erkennbarkeit in Abhängigkeit von der Aufteilung und Präsentationsrichtung

In Experiment 3 legt ebenfalls nahe, dass keine zeitliche Gewichtung der eingehenden Signale stattfindet. Der Versuch war so angelegt, dass entsprechend einer zeitlichen Gewichtung in der HDF (hell-dunkel) Bedingung ein kontrastübersteigertes und in der DHF (dunkel-hell) Bedingung ein kontrastärmeres Bild entstehen sollte. Die Ergebnisse der beiden Bedingungen sind jedoch nicht unterscheidbar sowohl bezüglich der Erkennbarkeit als auch bezüglich der Reaktionszeiten. Scheinbar weisen die Ergebnisse der Bedingungen HDS und DHS darauf hin, dass es vielleicht doch eine zeitliche Gewichtung gibt, da bei vollständiger Integration der Frame-Folge eine isoluminante farblose Fläche entstehen sollte. Es ist jedoch zu bezweifeln, dass es zu einer vollständigen Integration kam, denn obwohl die Versuchspersonen kein Flickern berichteten, ist die Fusionszeit von 30 ms überschritten. Der Grund für die Aufteilung auf acht Frames lag darin, genügend diskrete Stufen erzeugen zu können, um eine Bilderkennung zu gewährleisten.

Ein anderer Punkt, dem gesonderte Bedeutung zukommt, ist das Nachleuchten des Bildschirmes und das integrative Verhalten des visuellen Systems. Es ist möglich, dass der letzte Frame aufgrund der Silhouette ausreichte um eine Tier/nicht Tier Unterscheidung durchzuführen. Neben diesen praktischen Erwägungen kommt hinzu, dass sich die Ergebnisse der Bedingungen nicht unterschieden. Sollte eine zeitliche Gewichtung der Bildinterpretation zur Verfügung stehen, so wäre im Fall der HDS Bedingung ein „normales" Bild und in der DHS Bedingung ein Negativ des Bildes erzeugt worden. Aus der Objekterkennung von Gesichtern ist bekannt, dass die Umkehr des Kontrasts zu einer Änderung von Reaktionszeiten und auch Erkennbarkeit führt [ITIER UND TAYLOR, 2002]. Diese wurden nicht beobachtet. Eine mögliche Erklärung für die schlechtere Erkennbarkeit der Bedingungen HDS und DHS, als die für die Bedingungen HDF und DHF, ist die starke Reduktion der Bildinformation. Dass sich die Reaktionszeiten nicht unterscheiden, liegt daran, dass noch bei allen vier Bedingungen der Anteil richtiger Antworten über 90 % lag. In Experiment 1 musste die Erkennbarkeit erst unter 90 % sinken, bevor die Reaktionszeiten sich signifikant verlangsamten.

4.4 Experiment 4: Erkennbarkeit in Abhängigkeit von der Aufteilung und Präsentationsrichtung in diskreten Graustufen

Die Interpretation der Ergebnisse von Experiment 4 gestaltet sich schwierig. So unterscheiden sich die Bedingungen GR HD und GR DH bezüglich der Erkennbarkeit, nicht aber bezüglich der Reaktionszeiten zueinander. Bei einer Gewichtung durch zeitliche Kodierung wäre wieder ein kontrastreicheres Bild für die GR HD Bedingung erwartet worden, für die GR DH dagegen ein kontrastärmeres Bild. Entsprechend hätte sich die Erkennbarkeit ändern sollen. Jedoch ist die Erkennbarkeit für die GR DH Bedingung besser als für die GR HD Bedingung. Bei einer unvollständigen Integration ist zwar wieder zu erwarten, dass nur ein Teil der Information erkannt wird und somit die Konturen der Silhouetten zu Verfügung standen. Dies erklärt aber nicht die bessere Erkennbarkeit in der Bedingung GR DH. Eventuell wurden nur die letzten Konturen zur Objekterkennung benutzt, die in der GR DH Bedingung heller sind als in der GR HD Bedingung. Die Frage nach den Ursachen konnte noch nicht abschließend beantwortet werden.

4.5 Experiment 5: Erkennbarkeit in Abhängigkeit von der Aufteilung in Quadrate

In Experiment 5 stehen nicht länger die Intensitäten der Leuchtdichten im Vordergrund sondern die räumlichen Frequenzanteile des Bildes. Jedes rezeptive Feld der retinalen Ganglienzellen ist ein frequenzabhängiger Kontrastanalysator entsprechend seiner differentiellen Aktivierbarkeit durch unterschiedliche Reize (On-Center oder Off-Center Zellen mit verschieden großen rezeptiven Feldern) [KANDEL ET AL, 2000]. Bei einem komplexen Bild werden die verschiedenen Zellen entsprechend ihres Aufbaues erregt. Die Zellen führen eine Analyse des Bildes durch. Diese Art von Analyse, die ein Bild entsprechend seiner Frequenzanteile zerlegt, wird auch als Wavelet-Analyse bezeichnet. Im Gegensatz zu einer Fourier-Analyse, die zwar auch eine Frequenzanalyse durchführen kann, erhält die Wavelet-Analyse die Information über die räumliche Anordnung der Frequenzen [VANRULLEN UND THORPE, 2001a]. Wenn nicht die einzelnen lokalen Intensitäten sondern vielmehr die größeren räumlichen Eigenschaften mit Hilfe der zeitlichen Kodierung übertragen werden, würden die niederfrequenten Anteile durch das weniger hochauflösende, aber schnellere M-System zuerst übertragen werden.

Die Aufteilung der Bildpunkte resultiert in einer hochfrequenten Störung, die keine oder nur geringe Auswirkungen auf die niederfrequenten Bildanteile hätte. Die Ergebnisse sind hiermit kompatibel, da die Aufteilung auf größere Quadrate eine Verschlechterung der Erkennbarkeit und der Reaktionszeiten nach sich zog. Aber nicht nur die zeitliche Kodierung liefert eine mögliche Erklärung: Wie bei den vorangegangenen Experimenten 3 und 4 ist auch eine unvollständige Integration vorstellbar. Wenn nicht alle Frames in die Bildanalyse einfließen, steigt die Wahrscheinlichkeit, dass in Abhängigkeit von der Quadratgröße Schlüsselelemente für die Tiererkennung fehlen (z.B. Kopf, Augen, Torso und weitere).

4.6 Bedeutung für die neuronale Kodierung

Zusammenfassend kann für die Experimente 1-4 festgestellt werden, dass keine zeitliche Gewichtung entsprechend der zeitlichen Kodierung innerhalb der ersten fünf Frames stattfindet und wenn doch, sie keinen messbaren Effekt auf die Reaktionszeit hat. Nimmt man dies als Anlass, sich für die Ratenkodierung zu entscheiden, stellt die kurze Integrationszeit von ca. 30 ms ein Problem dar, da selbst bei einer Feuerrate von 200 Hz nur sechs Aktionspotentiale generiert werden können (5 ms pro Aktionspotential) und bei einer Feuerrate von unter 30 Hz keine Aktionspotentiale bzw. nur ein Aktionspotential. Aber wie Arbeiten an Einzel-zellableitungen nahe legen, arbeiten Neurone in Kooperation, um die entsprechende Information weiterzuleiten [FERNANDEZ ET AL, 2000], somit kann ein hoher Informationsfluss gewährleistet werden trotz kurzer Integrationszeiten. In einem theoretischen Ansatz konnte gezeigt werden, dass Neurone nach nur 30 ms durch Ratenkodierung ihr Maximum an Informationsübermittlung erreicht haben, sie bleiben dabei aber sowohl bezüglich Genauigkeit als auch Geschwindigkeit (ca. 15 ms) gegenüber der Zeitkodierung zurück [VANRULLEN UND THORPE, 2001a].

Möglicherweise werden die jeweiligen Kodierungen auch durch verschiedene Zelltypen getragen. So bilden verschiedene Neuronen-Klassen unterschiedliche Aktionspotentialmuster aus. Es ist beispielsweise gelungen [CARCIERI ET AL, 2003], mindestens fünf getrennte Klassen von retinalen Ganglienzellen in der isolierten Mäuseretina durch statistische Analyse zu klassifizieren. Dabei unterscheiden sich die Zellen in erster Linie in ihren Latenzen, es existiert eine Gruppe mit langen Latenzen und eine Gruppe mit kurzen Latenzen. Die Neurone mit kurzen Latenzen lassen sich weiter trennen nach On-Zellen, Off-Zellen und On-Off-Zellen. Die On-Zellen können sowohl phasische als auch tonische Aktionspotentialverläufe aufweisen, die restlichen Zelltypen hingegen generieren lediglich phasische Antworten. Einen wesentlichen Beitrag liefert die Verkopplung der Neurone untereinander über die vorgelagerten Horizontalzellen und amerkrine Zellen, die nicht nur die Feuerraten beeinflussen können, sondern auch zur Synchronisation der Aktivierung beitragen

[NIRENBERG UND MEISTER, 1997; BRIVANLOU, 1998; THIEL ET AL, 2006]. Zeitlich genaues phasisches Verhalten bietet sich zur hochauflösenden zeitlichen Kodierung an, zumal die Genauigkeit der Aktionspotentialgerierung im Millisekundenbereich liegt [BERRY ET AL, 1997; UZELL UND CHILINSKY, 2004].

Ob nun die Information durch eine Ratenkodierung oder eine zeitliche Kodierung übertragen wird, mag vielleicht die falsche Frage sein, zumal sich die übertragene Information in den ersten 50 ms für beide Modelle nicht wesentlich unterscheidet [THIEL ET AL, 2006]. Beide Eigenschaften sind auf die Natur des Neurons an sich zurückzuführen. Denn eine starke Erregung führt sowohl zu einer frühen Überschreitung der Schwelle, als auch zu mehrfachen Aktionspotentialgenerierung [ABBOTT, 1999]. Da beide Eigenschafen im Aufbau des Neurons verankert sind, erscheint es auch unplausibel, warum eine der Eigenschaften nicht genutzt werden sollte. Die Erforschung von realen Schaltkreisgittern, die durch evolutive Algorithmen entwickelt wurden, zeigen auf, dass *sämtliche* Eigenschaften der physikalischen Umwelt in die Verschaltung mit einbezogen werden [THOMPSON UND LAYZELL, 2000].

4.7 Ausblick

Nach mehr als 200 Jahren erweisen sich Reaktionszeiten immer noch als nützliches Werkzeug zum Verständnis der menschlichen Wahrnehmung und es nicht abzusehen, wann und ob Reaktionszeiten irgendwann einmal an Bedeutung verlieren werden. Diese Studie hat versucht, durch Messung von Verhaltensdaten Rückschlüsse auf die interne Repräsentation von Reizen und ihre grundlegende Verarbeitung zu ziehen. Dabei blieben Aspekte der willentlichen Entscheidung und anderer integraler Prozesse unberücksichtigt, die unser Verhalten beeinflussen. Zukünftige Forschung mit verschiedenen Ansätzen (durch Einzellableitung an isolierten Zellen, am lebenden wachen Tieren, durch EEG am Menschen/Tier und fMRI) werden zeigen, ob und inwieweit die einzelnen Kodierungsformen tatsächlich Verwendung im neuronalen Netzwerk finden. Ein wesentlicher Aspekt, der noch unbeantwortet ist, ist die Frage der Kodierung unterschiedlicher räumlicher Frequenzen. Hierzu wird es erforderlich sein, Bilder entsprechend ihrer räumlichen Frequenzanteile zu zerlegen und entsprechend darzustellen. Eventuell lässt sich auch ein Bereich niederfrequenter Anteile finden, der alleine zur Bilderkennung ausreicht. Andere wichtige Ansätze, die im Rahmen der Objekterkennung verfolgt werden, versuchen herauszufinden, wie sich verschiedene Drogen auf die Objekterkennung von komplexen Formen und Szenerien auswirken oder ob sich altersspezifische Effekte finden lassen.

Die besondere Faszination an der Hirnforschung besteht in der Möglichkeit und Notwendigkeit Methoden aus vielen Disziplinen zu vereinen. Es bleibt zu hoffen, dass die Ergebnisse dieser Studie geholfen haben, ein tieferes Verständnis der neuronalen Verarbeitung zu ermöglichen.

5. Literatur

ABBOTT LF (1999): Lapicque`s introduction of the integrate-and-fire model neuron (1907). Brain Research Bulletin 50: 303-304

ADRIAN ED UND ZOTTERMAN Y (1929): The impulses produced by sensory nerve endings. Part 2. The response of a Single End-Organ. Journal of Physiology 61: 151-171

AVIDAN G, HAREL M, HENDLER T, BEN-BASHAT D, ZOHARY E UND MALCH R (2002): Contrast sensitivity in human visual areas and its relationship to object recognition. Journal of Neurophysiology 87: 3102-3116

BEKKERING H, ADAM JJ, KINGMA H, HUSON A UND WHITING HTA (1994): Reaction time latencies of eyes and hand movements in single- and dual-task conditions. Experimental Brain Research 97: 471-476

BERRY MJ, WARLAND DK UND MEISTER M (1997): The structure and precision of retinal spike trains. Proceedings of National Academy of Sciences of the United States of America 94: 5411-5416

BODELON C, FALLAH M UND REYNOLDS JH (2007): Temporal Resolution for Perception of Features and Conjunctions. The Journal of Neuroscience 27: 725-730

BOULINGUEZ P, BARTHELEMY S UND DEBU B (2000): Influence of the movement parameter to be controlled on manual RT asymmetries in Right-handers. Brain and Cognition 44: 653-661

BRITTEN KH, SHADLEN MN, NEWSOME WT UND MOVSHON JA (1993): Response of neurons in macaque MT to stochastic motion signals. Visual Neuroscience 10: 1157-1169

BRITTEN KH, NEWSOME WT, SHADLEN MN, CELEBRINI S UND MOVSOHN JA (1996): A relationship between behavioural choice and the visual response of neurons in macque MT. Visual Neuroscience 13: 87-100

BRIVANLOU IH, WARLAND DK UND MEISTER M (1998): Mechanisms of concerted firing among retinal ganglion cells. Neuron 20: 527-539

BROWN M, MARMOR M, VAEGAN, ZRENNER E, BRIGELL M UND BACH M (2006): ISCEV Standard for clinical electro-oculography (EOG) 2006. Documenta Ophthalmologica 113: 205-212

CARCIERI SM, JACOBS AL UND NIRENBERG S (2003): Classification of retinal ganglion cells: a statistical approach. Journal of Neurophysiology 90: 1704-1713

CLARK JJ (1999): Spatial attention and latencies of saccadic eye movements. Vision Research 39: 585-602

DANE S UND ERZURUMLUOGLU (2003): Sex and handedness differences in eye-hand visual reaction times in handball players. International Journal of Neuroscience 113: 923-929

DAVRANCHE K, BURLE B, AUDIFFREN M UND HASBROUCQ T (2006): Physical exercise facilitates motor processes in simple reaction time performance: An electromyography analysis. Neuroscience Letters 396: 54-56

DONDERS FC (1868): On the speed of metal processes. Translated by W.G. Koster, 1969. Acta Psychologia 30, 412-431

FABRE-THORPE M, DELORME A, MARLOT C UND THORPE SJ (2001): A Limit to the Speed of Processing in Ultra-Rapid Visual Categorization of Novel Natural Scenes. Journal of Cognitive Neuroscience 13: 171-180

FARIA AJP UND MACHADO-PINHEIRO W (2004): Looking for the Gap effect in manual responses and the role of contextual influences in reaction time experiments. Brazilian Journal of Medical and Biological Research 37: 1175-1184

FERNANDEZ E, FERRANDEZ JM, AMMERMÜLLER J UND NORMAN RA (2000): Population coding in spike trains of simultaneously recorded retinal ganglion cells. Brain Research 887: 222-229

FIZE D, FABRE-THORPE M, RICHARD G, DOYON B UND THORPE SJ (2005): Rapid categorization of foveal and extrafoveal natural images: Associated ERPs and effects of lateralization. Brain and Cognition 59: 145–158

FUCHS AF (1967): Periodic eye tracking in the monkey. Journal of Physiology 193: 161-171

GAUTRAIS J UND THORPE SJ (1998): Rate coding versus temporal order coding: a theoretical approach. BioSystems 48: 57-65

GUYONNEAU R, VANRULLEN R UND THORPE SJ (2004): Temporal codes and pares representations: A key understanding rapid processing in visual system. Journal of Physiology 98: 487-497

ITIER RJ UND TAYLOR MJ (2002): Inversion and contrast polarity reversal affect bothe encoding and regognition processes of unfamiliar faces. A repetition study using ERPs. NeuroImage 15: 353-372

KANDEL ER, SCHWARTZ JH UND JESSELL TM (2000): Principles of neural Science. 4. Auflage, McGraw-Hill, New-York

KIRCHNER H UND THORPE SJ (2006): Ultra-rapid object detection with saccadic eye movements: Visual processing speed revisited. Vision Research 46: 1762-1776

LACOUTURE Y (200x): How to fit a RT distribution. Under revision

LANSKY P UND GREENWOOD PE (2007): Optimal signal in sensory neurons under an extended rate coding concept. BioSystems 89: 10-15

LEVINSON J UND HARMON LD (1961): Studies with artifical neurons, III: mechanisms of flicker fusion. Biological Cybernetic 1: 107-117

LOGAN GD UND IRWIN DE (2000): Don't look! Don't touch! Inhibitory control of eye and hand movements. Psychonomic Bulletin & Review 7: 107-112

MAUNSELL JHR, GHOSE GM, ASSAD JA, MCADAMS CJ, BOUDREAU CE UND NOERAGER BD (1999): Visual respose latencies of magnocellular and parvocellular LGN neurons in macque monkey. Visual Neuroscience 16: 1-14

MACE MJM, THORPE SJ UND FABRE-THORPE M (2005): Rapid categorization of achromatic natural scenes. How robust at very low contrasts? European Journal of Neuroscience 21: 2007-2018

MALPELI JG (1998): Measuring eye position with the doble magnetic iduction method. Journal of Neuroscience Methods 86: 55-61

MASQUELLIER T UND THORPE SJ (2007): Unsupervised learning of visual features through spike timing dependent plasticity. PLOS Computational Biology 3: 247-257

MILLER J UND ULRICH R (2003): Simple reaction time and statistical facilitation: A parallel grains model. Cognitive Psychology 46: 101–151

MIRABELLA G, PANI P, PARE M und FERRAINA S (2006): Inhibition control of reaching movements in humans. Experimental Brain Research 174: 240-255

NIRENBERG S UND MEISTER M (1997): The light response of retinal ganglion cells is truncated by a displaced amacrine circuit. Neuron 18: 637-650

PAREKH N, GAJBHIYE IPR UND TITUS J (2004): The study of auditory and visual reaction time in healthy controls, Patients of diabetes mellitus on modern allopathic treatment, and those performing aerobic exercises. Journal, Indian Academy of Clinical Medicine 5: 239-243

ROUSSELET GA, THORPE SJ UND FABRE-THORPE M (2004): Processing of one, two or four natural scences in human: the limits of parallelism. Vision Research 44: 877-894

ROUSSELET GA, MACE MJM, THORPE SJ UND FABRE-THORPE M (2007): Limits of event-related potential differences in tracking object processing speed. Journal of cognitive neuroscience 19: 1241-1258

SMITH PL UND RATCLIFF R (2004): Psychology and neurobiology of simple decisions. TRENDS in Neurosciences 27: 161-168

STERNBERG S (1969): Memory scanning: Mental processes revealed by reaction time experiments. American Scientist 57: 421-457

STEMMLER M (1996): A single spike suffices: the simplest form of stochastic resonance in model neurons. Computation in Neural Systems 7: 687-716

SUMNER P, NACHEV P, CASTOR-PERRY A, ISENMAN H UND KENNARD (2005): Which visual pathways cause fixation-related Inhibition? Journal of Neurophysiology 95: 1527-1536

THIEL A, GRESCHNER M UND AMMERMÜLLER J (2006): The temporal structure of transient ON/OFF ganglion cell responses and its relation to intra-retinal processing. Journal of Computational Neurosciences 21: 131-151

THEUNISSEN F UND MILLER JP (1995): Temporal Encoding in Nervous System. A Rigorous Definition. Journal of Computational Neuroscience 2: 149-162

THOMPSON A UND LAYZELL P (2000): Proceedings of the Third International Conference on Evolvable Systems: From Biology to Hardware. 1. Auflage, Springer-Verlag, London: 218-228

TOVEE MJ, ROLLS ET UND TREVERS (1993): Information encoding and the responses of single neurons in the primate temporal visual-cortex. Journal of Neurophysiology 70: 640-654

TURNER P (1968): Critical Flicker Frequency and centrally acting drugs. British Journal of Ophthalmology 52: 245-250

VAN ROSSUM MCW, TURRIGIANO GG UND NELSON SB (2002): Fats propagation of firing rates through layered networks noisy neurons. Journal of Neuroscience 22: 1956-1966

VANRULLEN R UND THORPE SJ (2001a): Rate coding versus temporal order coding: What the retinal ganglion cells tell the visual cortex. Neural Computation 13: 1255-1283

VANRULLEN R UND THORPE SJ (2001b): The time course of visual processing: From early perception to decision making. Journal of Cognitive Neuroscience, 13: 454-461

VANRULLEN R UND THORPE SJ (2002): Surfing a spike wave down the ventral stream. Vision Research 42: 2593-2615

VANRULLEN R, GUYONNEAU UND THORPE SJ (2005): Spike times make sense. TENDS in Neurosciences 28: 1-4

WIJNEN JG UND RIDDERINKHO KR (2007): Response inhibition in motor and oculomotor tasks: Different meachnisms, different dynamics? Brain and Cognition 63: 260-270

UZZELL VJ UND CHICHILINISKY EJ (2004): Precision of Spike trains in primate retinal ganglion cells. Journal of Neurophysiology 92: 780-789

ZANDT T UND RATCLIFF R (1995): Statistical mimicking of reaction time data: Single-process models, parameter variability, and mixtures. Psychonomic Bulletin & Review 2: 20-54

ZANDT T (2000): How fit a response time distribution. Psychonomic Bulletin & Review 7: 424-465

Anhang A - Reaktionszeitanalyse

Die Ex-Gauss-Funktion ist eine Normalverteilung mit dem Mittelwert µ und Varianz σ^2 erweitert um eine exponentielle Funktion, mit einer exponentiellen Variablen mit einem mittleren Wert von τ.

Formel 1
$$f(RT) = \frac{1}{\tau} e^{\frac{\mu-RT}{\tau}+\frac{\sigma^2}{2\tau^2}} \Phi\left(\frac{RT-\mu}{\sigma} - \frac{\sigma}{\tau}\right)$$

Wobei Φ der Stammfunktion der Normalverteilung entspricht (siehe Formel 2).

Formel 2
$$\Phi(x) = \int_{-\infty}^{x} e^{-y^2/2} \, dy$$

Um die Parameter der Ex-Gauss-Verteilung (siehe Formel 1) zu finden, müssen zunächst der Mittelwert E(RT), die Varianz (Var(x)) und die Schiefe (Skew(x)) der Reaktionszeiten bestimmt werden. Der Mittelwert ist definiert durch die Anzahl der gemessenen Werte n und den einzelnen Werten (Xi).

Formel 2
$$E(RT) = \frac{1}{n} \sum_{i=1}^{n} x_i$$

Durch den Mittelwert lässt sich die Varianz der Einzelwerte bestimmen.

Formel 3
$$Var(x_i) = \frac{1}{n-1} \sum_{i=1}^{n} (X_i - \mu)^2$$

Es schließt sich die Bestimmung der Schiefe der Verteilungsfunktion an. Ein Maß für diese Schiefe liefert die Fisher-Schiefe [STEMMLER, 1996] (engl.: Fisher-Skew; Skew (RT)), die sich wie folgt erhalten lässt:

Formel 4
$$Skew(RT) = \frac{\frac{1}{n}\sum x_i^3}{Var(x)^{\frac{3}{2}}}$$

Sind diese drei Größen bekannt, können über bestimmte Beziehungen die Ex-Gauss-Parameter (µ, σ^2 und τ) abgeschätzt werden.

Formel 5
$$E(RT) = \mu + \tau$$

Formel 6
$$Var(RT) = \sigma^2 + \tau^2$$

Formel 7
$$Skew(RT) = \frac{2\tau^3}{\left(\sigma^2 + \tau^2\right)^{\frac{3}{2}}}$$

Ausgehend von den so bestimmten Parametern lässt sich nun unter Matlab eine Minimum-Likelihood-Abschätzung durchführen (Simplex-Methode). Dabei wird in diskreten Schritten, um die Parameter herum, die Fehler-Oberfläche abgetastet, wo sich die geringste Abweichung zu der gemessenen Reaktionszeitenverteilung finden lässt und dieser zum globalen (evtl. lokalen) Minimum gefolgt.

In manchen Fällen ist die Darstellung der Stammfunktion (Formel 9) der Ex-Gaus-Funktion hilfreich, um die Reaktionszeitintervalle zu finden, in denen ein bestimmter Anteil von Antworten gegeben wurde. So lassen sich auch aus kleinen Stichproben (n < 100) Aussagen treffen für frühe Reaktionszeiten, deren Anteil ansonsten zu klein wäre, um sichere Schlüsse ziehen zu können.

Formel 8
$$F(RT) = \Phi\left(\frac{RT-\mu}{\sigma}\right) - Exp\left(\frac{\sigma^2}{2\tau^2} - \frac{RT-\mu}{\tau}\right)\Phi\left(\frac{RT-\mu}{\sigma} - \frac{\sigma}{\tau}\right)$$

Anhang B - Beispielbilder

B.1 Tierbilder

B.2 Distraktoren

Anhang C   -   Versuchsinstruktionen

C.1 Manuell

Sehr geehrte/r

Im Rahmen der Untersuchung werden Sie gebeten in einem Abstand von ca. 60 cm vor einem Monitor platz zunehmen. Sie werden gebeten den roten Druckknopf in die linke Hand zu nehmen und den grünen Druckknopf in die rechte Hand. Auf dem Monitor wird gleich der Reaktionsreiz gezeigt werden. Ihre Aufgabe wird darin bestehen Tiere zu erkennen.

Zu Beginn wird in der Mitte des Bildschirms ein Fixationspunkt gezeigt werden auf dem die Präsentation von zwei Bildern nebeneinander folgen wird. Auf einem der beiden Bilder wird ein Tier dargestellt werden. Sie werden gebeten so *schnell* und so *gut* wie möglich den Druckknopf auf der Seite zu drücken auf der das Tier zu sehen war. Die Präsentation des nächsten Reizes erfolgt sobald Sie geantwortet haben. Die Erkennbarkeit der Bilder kann von Versuchsdurchgang zu Versuchsdurchgang unterschiedlich sein, versuchen Sie dennoch immer dort zu antworten, wo Sie glauben das Tier wahrgenommen zu haben. Der einzelne Versuchsdurchgang endet nach hundert Darbietungen und kann jeder Zeit unterbrochen werden.

Viel Erfolg und Gutes gelingen.

C.2 EOG

Sehr geehrte/r

Im Rahmen der Untersuchung werden sie gebeten in einem Abstand von ca. 80 cm vor einem Monitor platz zunehmen. Ihre Aufgabe wird darin bestehen Tiere zu erkennen. In diesem Versuch werden Sie gebeten mit den Bewegungen ihrer Augen zu antworten. Ihnen werden hierzu Elektroden neben den Augen und auf der Stirn geklebt werden. Diese Elektroden sind notwendig um schwache elektrische Potentiale zu messen, die bei der Augenbewegung entstehen. Es wird zu *keiner* Zeit ein externer Strom fließen. Für die Aufbringung der Elektroden muss die Haut an den entsprechenden Stellen vorgereinigt werden. Die Vorreinigung besteht aus einer Entfettung durch Alkohol und einem Peeling. Auf den Elektroden kommt zusätzliche eine spezielle Paste zum Einsatz (Elektrodenpaste). Alle eingesetzten Substanzen sind auf ihre Hautverträglichkeit getestet. Sollten Sie dennoch ein Brennen oder Jucken verspüren, bitten wir Sie dies mitzuteilen. Eventuell müssen die Elektroden neu gesetzt oder Versuchs abgebrochen werden.

Der Versuch wird beginnen mit einem Fixationspunkt in der Mitte des Bildschirms. Sie werden gebeten diesen Punkt mit ihrem Blick zu fixieren. Nach verlöschen des Fixationpunktes erscheint links und echt von diesem ein Bild. Eines der Bilder wird ein Tier enthalten. Sie werden gebeten so *schnell* und so *gut* wie möglich auf das Bild zu blicken, in dem das Tier enthalten war. An der Position der beiden Bilder wird jeweils ein Punkt eingeblendet werden. Nutzen diesen Punkt um Ihren Blick für Ihre Antwort auszurichten. Die Präsentation des nächsten Reizes folgt auch ohne dass sie geantwortet haben. Sie werden dennoch gebeten bei jeder Präsentation zu antworten. Ein Versuchsdurchgang besteht aus hundert Darbietungen und kann jeder Zeit unterbrochen werden. Die Erkennbarkeit der Bilder kann von Versuchsbedingungen unterschiedlich sein, geben Sie dennoch Ihr bestes.

Viel Erfolg und Gutes gelingen.

Der Autor

Dipl. Biol. Torsten Stemmler
Jahrgang 1981

Bremen

e-Mail: stemmler(at)uni-bremen.de

Studium und Ausbildung

12/2007	Abschluss als Diplom-Biologe an der freien Universität Bremen
10/2002 -11/2007	Studium der Biologie an der freien Universität Bremen
09/2002	Beendigung des Wehrdienstes als Hauptgefreiter
10/2001 – 09/2002	Wehrdienst als Marinesanitäter (W9+3)
07/2001	Abitur am Cato-Bontjes-van-Beek-Gymnasium Achim

Berufliche und praktische Erfahrungen

10/2009	Promotionsausschuss und DPA Fachbereich 2 Biologie/Chemie an der freien Universität Bremen, Berufungskommission Botanik und Berufungskommission Meeresbiologie
02/2008	Beginn des Promotionsstudiums an der freien Universität Bremen
12/2004-01/2008	Tätigkeiten als studentische Hilfskraft
10/2006-09/2007	Fachbereichsmitglied des Fachbereichs 2 Biologie/Chemie an freien Universität Bremen, Mitglied im DPA, mitwirkend an der Habilitation Dr. B. Niehoff und Berufungskommision Biologie Didaktik. Stellvertretende Tätigkeit im Ausschuss für die Lehre.